Wie wir die
Erde retten

Lisa Schneider
Alfonso Pecorelli

Wie wir die Erde retten

Dein persönlicher Beitrag für
eine lebenswerte Zukunft

Riverfield

FSC www.fsc.org
MIX
Papier aus verantwortungsvollen Quellen
FSC® C083411

Hinweis:
Die in diesem Werk verwendete
Handschrift ist die des
Jahrhundertgenies Albert Einsteins.

1. Auflage 2019

www.riverfield-verlag.ch

Lektorat & Satz:
ihleo verlagsbüro – Dr. Oliver Ihle, Husum (D)

Umschlaggestaltung:
Hauptmann & Kompanie, Zürich (CH)

Illustrationen:
Pascal Scheidegger, Wichtrach (CH)
www.pascalscheidegger.ch

Druck und Bindung:
CPI Ebner & Spiegel, Ulm (D)

Printed in Germany

ISBN 978-3-9525097-0-8

Inhalt

*„Auch die längste Reise
beginnt mit dem ersten Schritt."*

LAOTSE

Verba volant, scripta manent

Genau heute, da ich diese Zeilen schreibe, ist der erste Gletscher der Welt offiziell für tot erklärt worden. Die Gedenktafel, die man an den Überresten des Gletschers angebracht hat, ist mit folgenden Worten betitelt: „Ein Brief an die Zukunft".

Dies ist kein Scherz, sondern genau das, was am 19. August 2019 in Island geschehen ist. Die Trauerzeremonie für den Okjokull-Gletscher, so hieß der Gletscher, der genau 700 Jahre alt wurde, geschah übrigens im Beisein der isländischen Regierungschefin Katrin Jakobsdottir. Sie sagte: „Ich hoffe, dass diese Zeremonie als Inspirationsquelle nicht nur für uns hier in Island, sondern auch für den Rest der Welt dient."

Aber Hand aufs Herz: Hätte ich dies jetzt nicht in dieses Buch geschrieben, wahrscheinlich hätte ich schon in ein paar Tagen vergessen, dass der oben genannte Gletscher „verstorben" ist. Wir werden doch tagtäglich von solchen Meldungen regelrecht überflutet, und meistens vergessen wir diese schon nach Minuten wieder. Natürlich wissen wir alle, dass die Umweltzerstörung und der Klimawandel schrecklich sind, und wir alle denken bestimmt auch, dass „man" etwas dagegen tun sollte … Aber wir werden eben jeden Tag mit Hiobsbotschaften aus diesen Bereichen dermaßen überflutet, dass jeder irgendwann gar nicht mehr hinhört.

Und genau das ist der Punkt, weshalb wir dieses Buch geschrieben haben. Damit du und ich uns Gedanken zum Thema Umweltschutz und Klimawandel machen und *diese dann aufschreiben*. Denn wenn man etwas *nicht* zu Papier bringt, ist es meist schnell vergessen. Schon die alten Römer wussten, dass das gesprochene Wort flüchtig, das geschriebene jedoch dauerhaft ist – verbas volant, scripta manent.

Alles, was wir tun, kann man als Teil eines Puzzles verstehen – ein Puzzle, dessen Bedeutung sich uns vielleicht erst nach einer Weile und mit einem gewissen Abstand erschließen mag. Ich stelle mir das manchmal wie die Decke der Sixtinischen Kapelle vor: Wie Michelangelo jahrelang und kopfüber eines der berühmtesten Gemälde der Menschheit schuf und immer nur einen winzigen Ausschnitt vor seinen Augen hatte und dennoch ein Ganzes erschuf, dessen atemberaubende Schönheit sich einem erst dann erschließt, wenn man unten am Boden stehend noch oben schaut und dadurch die Gesamtheit der 520 Quadratmeter (!) bemalter Decke als das wahrnimmt, was uns Michelangelo damit hinterlassen hat: ein Meisterwerk menschlichen Schaffens, das auch Jahrhunderte nach dem Tod des Meisters Generationen von Menschen ehrfürchtig erschaudern lässt.

Die wenigsten von uns sind Michelangelos, aber jeder von uns ist ein Teil des Ganzen und jeder von uns schreibt Geschichte. Doch wie bei dem Deckengemälde in der Sixtinischen Kapelle sind – im übertragenen Sinne – meiner Meinung nach zwei Dinge unerlässlich:

- Erstens, seine eigenen Gedanken, Gefühle, Aktionen und Taten zu Papier zu bringen.
- Zweitens, diese dann nach einer Weile oder auch nach Jahren und mit Abstand zu betrachten.

Denn nur so wirst du dein eigenes „Werk“ oder eben deine eigene Geschichte erkennen und verstehen können. Genau dazu sind die Notizseiten in diesem Buch gedacht.

Du wirst dich jetzt fragen, was das alles mit Umweltschutz und Klimawandel zu tun hat? Ich selbst sehe es so: Die Natur, die Umwelt und damit letztlich die Erde zu schützen, ist für mich persönlich so etwas wie eine spirituelle Aufgabe – ein höherer Sinn des eigenen Daseins quasi. Etwas, das über das eigene Leben hinausgeht und dennoch einen ganz konkreten und fassbaren, ja gar messbaren Nutzen hat. Denn wenn ich als Individuum etwas tun kann, um die Umwelt zu schützen oder den Klimawandel aufzuhalten, und sei diese Tat auch noch so klein, so habe ich dennoch etwas getan, das allen Menschen, die nach mir kommen, etwas nützen wird.

Nutze auch du diese Gelegenheit, etwas zu tun, deine Taten, aber auch deine Gedanken und Gefühle aufzuschreiben – du wirst sehen, es wird dich motivieren und positiv antreiben. Du kannst auf den Notizseiten dieses Buchs auch Fotos einkleben – von deinen Kindern oder Enkeln oder Nichten oder Menschen, die dir etwas bedeuten und für die du, im oben beschriebenen Sinne, etwas tun möchtest.

Denn etwas für sich selbst zu tun, etwas, das einen zutiefst befriedigt und gleichsam den Menschen, die man liebt, Gutes zu tun, ja gar ein klein wenig dazu beizutragen, die Erde zu retten – etwas Besseres kann es wohl kaum geben im Leben!

Du und ich

Seien wir ehrlich: Wir haben uns alle an einen gewissen Lebensstandard gewöhnt. Wir alle haben den Komfort, den wir genießen, als „normal" angenommen – und der Fortschritt (also die Steigerung dieses Komforts) schreitet unaufhaltsam voran. Die Digitalisierung ist drauf und dran, unser Leben grundsätzlich umzukrempeln. Die Globalisierung lässt sich nicht mehr aufhalten und schon gar nicht mehr rückgängig machen. Die Welt ist bezüglich der Möglichkeiten, einen Ort zu erreichen und Informationen auszutauschen, kleiner geworden und vernetzter. Wir alle haben uns daran gewöhnt, so billig wie nie zuvor an irgendeinen Punkt der Welt reisen zu können, kurz übers Wochenende in irgendeine schöne Stadt zu fliegen, volle Regale in unseren Kaufhäusern zu haben, jedes erdenkliche Lebensmittel und Delikatessen zu jeder Jahreszeit auf unseren Tellern zu finden, jederzeit und überall Filme zu streamen und mit Freunden zu jeder Stunde ohne Einschränkungen mit wenigen Klicks vernetzt zu sein. Und noch unzählige Dinge mehr.

Und das alles ist auch okay – Fortschritt lässt sich nicht rückgängig machen. Und das wäre letztlich auch nicht gut, denn der Mensch ist nun mal, wie er ist. Und die Menschheitsgeschichte hat auch gezeigt, dass Fortschritt langfristig betrachtet eine feine Sache ist.

Und vielleicht – wenn dies jetzt auch merkwürdig klingen mag –, vielleicht gelingt es unserer Generation und dir, liebe Leserin und lieber Leser, die ihr just in diesem Augenblick diese Zeilen lest, mit euren Aktionen und Taten, die wir in diesem Buch anregen, vielleicht nicht die Welt zu retten. Aber vielleicht gelingt es zumindest, der Welt und der Umwelt durch eure Taten ein wenig mehr Zeit zu verschaffen – einen Aufschub. Das wäre doch schon etwas, denn das Allerwichtigste ist unserer Meinung nach die nächste Generation: unsere Kinder und Enkel, die schon geboren sind oder demnächst geboren werden. Sie werden es sein, die die Welt nachhaltig verändern. Sie, die kommenden Generationen, werden es sein, die das Ruder nachhaltig, langfristig und definitiv, sprich für die nächsten Jahrzehnte oder gar Jahrhunderte, herumreißen müssen.

Doch sie werden es nur dann tun, wenn sie von Kindesbeinen an gelernt haben, wie dringlich die Lage ist. Sie werden es nur dann in „ihrer DNA" haben, wenn du und ich und wir alle es ihnen beigebracht haben – von Kindesbeinen an. Die kommende Generation muss Umweltschutz, Klimaschutz und das Leben im Einklang mit der Natur dermaßen im Blut verankert haben wie das morgendliche Zähneputzen. Das ist eine große Verantwortung, die wir hier einfach so weitergeben. Und das Vorhaben wird auch nur klappen, wenn wir alle mitwirken, es wirklich wollen, wirklich uns bemühen.

Es sind nicht die Mächtigen, die uns hindern, die Welt zu retten, es sind nicht die Konzerne, nicht die Uneinsichtigen, nicht die Armen und Verzweifelten. Wir sind es. Ich und du. Solange wir es nicht einfach anders machen. Was dieses „anders“ ganz praktisch bedeuten kann, wirst du in diesem Buch erfahren. Besser noch wäre: Du gibst diesem „Anders-Handeln“ deine eigene Stimme, deinen eigenen Weg. Was kann dich dann noch aufhalten?

Und wir, die Autoren dieses Buchs, könnten uns nichts Besseres vorstellen, als den weisen und legendären Worten des Häuptlings (Chief) Seattle zu lauschen, der im Jahre 1854, vor mehr als 160 Jahren, eine geradezu prophetische und visionäre Rede und zugleich einen eindringlichen Appell an die Menschheit richtete. Ein visionäres Plädoyer, für die Erde und die Umwelt Sorge zu tragen, damit auch unsere Nachkommen eine lebenswerte Zukunft haben.

»Meine Worte sind wie Sterne, sie gehen nicht unter«

Chief Seattle: Wir sind ein Teil der Erde

Hintergrund

Chief Seattle (1786–1866), der Häuptling der Duwamish Indianer, lebte mit seinem Volk im heutigen Bundesstaat Washington, im Nordwesten der USA.

Die Heimat dieses Stammes befand sich im etwa 150 Kilometer langen, stark verzweigten und inselreichen Pudget Sound. Dabei handelt es sich um eine Bucht aus damals hügeligem und fruchtbarem Land, etwa 200 Kilometer südlich der kanadischen Grenze.

Im Jahre 1854 forderte der 14. Präsident der USA, Franklin Pierce, die Duwamish auf, ihr Land an weiße Siedler zu verkaufen und im Gegenzug in ein Reservat auf einer Insel im Pudget Sound zu ziehen, um dort fortan zu leben.

Die Indianer verstanden dieses Ansinnen nicht. Wie alle Ureinwohner Nordamerikas betrachteten die Duwamish sich als Teil der Natur, für die man Sorge zu tragen habe und die Respekt und Ehrerbietung verdiene. Die Aufforderung, ihr Land an die Weißen zu verkaufen, ergab für die Duwamish keinen Sinn: Wie kann man Land kaufen und verkaufen? Nach ihrer Vorstellung kann der Mensch die Erde ebenso wenig besitzen, wie er die Frische der Luft oder das Glitzern des Wassers besitzen kann.

Gegen Ende des Jahres 1854 oder zu Beginn des Jahres 1855, das genaue Datum scheint nicht bekannt zu sein, antwortete Chief Seattle dem Präsidenten der Vereinigten Staaten von Amerika mit einer legendären Rede, deren Weitsicht, Weisheit, aber auch Kritik uns, ganz besonders in der heutigen Zeit, betroffen macht – aber auch Hoffnung weckt: die Hoffnung, dass wir Menschen uns die Worte des alten Chief Seattle zu Herzen nehmen, die Hoffnung, dass wir uns um die Erde, die Umwelt, die Natur und das Klima so kümmern, dass wir auch unseren Kindern und den nachfolgenden Generationen eine lebenswerte Zukunft ermöglichen.

Editorische Anmerkung

Vorliegende Neufassung der Rede des Chief Seattle basiert im Wesentlichen auf einem Artikel von Dr. Henry A. Smith, erschienen am 29. Oktober 1887 im *Seattle Sunday Star*.

Es gab im Laufe der Jahre immer wieder Zweifel, ob die Rede des Chief Seattle überhaupt und, falls tatsächlich, in welcher Form und Wortlaut sie gehalten wurde. Historisch belegt scheint zu sein, dass Dr. Henry A. Smith, der als Dolmetscher fungierte und mit dem Chief befreundet war, in der Tat an jenem Tag anwesend war, als der Gouverneur für indianische Angelegenheiten, Issac I. Stevens, den Vorschlag des damaligen Präsidenten der USA, Franklin Pierce, das Land der Indianer zu kaufen, überbrachte. Es sei auch angemerkt, dass Dr. Henry A. Smith die Rede erst 33 Jahre später aus der Erinnerung beziehungsweise mittels seiner Notizen, die er sich gemacht hatte, veröffentlichte. Aus der Einleitung des genannten Artikels stammt auch die Beschreibung des Chief Seattle – wiederum von Dr. Henry A. Smith verfasst.

Die Herausgeber der Fassung der Rede des Chief Seattle, die in diesem Buch veröffentlicht wird, haben sich die Freiheit genommen, auch Elemente von späteren Fassungen in diesen aktualisierten und modernisierten Text mit einfließen zu lassen.

Auch wenn gemäß heutigem Wissensstand keine direkten Aufzeichnungen oder Dokumente der genannten Rede existieren, sollten wir dennoch die Botschaft, die der weise Chief Seattle der Menschheit hinterlassen wollte, als Mahnung und Vermächtnis aller Naturvölker sehen, die wie die nordamerikanischen Indianer im Einklang mit ihrer Umwelt gelebt haben.

Chief Seattle hielt laut der Angaben von Dr. Smith seine Rede auf dem Boden der heutigen Stadt Seattle, die nach seinem Tod nach ihm benannt wurde.

Die Rede

Jener Himmel über uns, der seit unzähligen Jahrhunderten barmherzige Tränen des Mitgefühls auf unsere Vorfahren geweint hat und uns als unvergänglich erscheint, könnte sich wandeln. Heute ist er klar und sonnig, aber schon morgen kann er mit Wolken bedeckt sein.

Meine Worte sind wie Sterne, sie gehen nicht unter. Was Chief Seattle sagt, darauf kann sich der große Chief in Washington verlassen, ist so sicher, wie man sich auf den Lauf der Sonne und auf die Wiederkehr der Jahreszeiten verlassen kann.

Der große Chief in Washington sendet uns Worte seiner Freundschaft und seines guten Willens. Das ist sehr freundlich von ihm, denn wir wissen natürlich, dass der große Chief der Weißen im Gegenzug unserer Freundschaft kaum bedarf. Sein Volk ist groß und mächtig und dem unsrigen weit überlegen. Sein Volk gleicht dem Gras, das die endlosen Prärien bedeckt. Mein Volk jedoch ist klein und gleicht den vereinzelten Bäumen in der sturmdurchbrausten Ebene.

Der große Chief in Washington schickt uns auch Nachricht, dass er unser Land zu kaufen wünscht.

Wir verstehen das nicht. Wie kann man den Himmel kaufen oder verkaufen? Oder die Schönheit der Berge – oder die Wärme der Erde? Diese Vorstellung ist uns fremd. Wenn wir die Frische der Luft und das Glitzern des Wassers nicht besitzen – wie könnt ihr sie von uns kaufen?

Aber wir werden euer Angebot bedenken, denn wir wissen – wenn wir nicht verkaufen, kommt der weiße Mann mit Gewehren und nimmt sich unser Land.

Jeder Teil dieser Erde ist meinem Volk heilig, jede glitzernde Tannennadel, jeder sandige Strand, jeder Nebel in den dunklen Wäldern, jede Lichtung, jedes summende Insekt ist heilig in den Gedanken und Erfahrungen meines Volkes. Der Saft, der in den Bäumen steigt, trägt die Erinnerung unserer Vorfahren.

Unsere Toten vergessen die wunderbare Erde nie, denn die Erde ist unsere Mutter. Wir sind ein Teil der Erde und sie ist ein Teil von uns.

Die duftenden Blumen sind unsere Schwestern, die Rehe, das Pferd, der große Adler sind unsere Brüder.

Die felsigen Höhen, die saftigen Wiesen, die Körperwärme des Ponys und des Menschen – sie alle gehören zu der gleichen Familie.

Die Toten der Weißen hingegen vergessen das Land ihrer Geburt, wenn sie fortgehen ins Jenseits, um unter den Sternen zu wandeln.

Wenn also der große Chief in Washington uns Nachricht sendet, dass er unser Land kaufen möchte, so verlangt er viel von uns.

Der große Chief teilt uns auch mit, dass wir einen Teil des Landes behalten dürfen, wo wir angenehm und für uns leben können. Das klingt gerecht und sogar großzügig, denn unser Volk hat längst schon keine Rechte mehr. Vielleicht ist das Angebot des großen Chiefs sogar vernünftig, da wir ohnehin kein großes Land mehr brauchen.

Es gab eine Zeit, da bedeckte unser Volk das Land wie Wogen eines winddurchpflügten Meeres seinen muschelübersäten Grund. Aber die Zeiten, als unsere Stämme noch groß waren, sind schon lange vergangen und heute nichts mehr als eine traurige Erinnerung.

Unser großer Vater in Washington wird nun also unser Vater sein und wir seine Kinder. Aber kann das jemals sein? Euer Gott ist nicht unser Gott. Gott liebt euer Volk und hat seine roten Kinder verlassen. Er schickt Maschinen, um dem weißen Mann bei seiner Arbeit zu helfen, und baut große Dörfer für ihn. Er macht euer Volk stärker, Tag für Tag. Bald werdet ihr das Land überfluten, wie Flüsse Schluchten hinabstürzen nach einem unerwarteten Regen.

Mein Volk aber weicht von dieser Erde wie ein rasch verebbendes Meer – aber ohne Wiederkehr.

Nein, wir sind verschiedene Rassen mit zweierlei Ursprung und zweierlei Schicksal. Es gibt wenig, was uns verbindet. Unsere Kinder spielen nicht zusammen, und unsere Alten erzählen andere Geschichten. Gott ist euch gut gesonnen, und wir sind Waisen. Wir werden euer Angebot, unser Land zu kaufen, bedenken. Das wird nicht leicht sein, denn dieses Land ist uns heilig. Uns ist die Asche unserer Ahnen heilig und ihre Gräber sind heilige Erde.

Wir erfreuen uns an diesen Wäldern. Unsere Art ist anders als die eure.

Glitzerndes Wasser, das sich in Bächen und Flüssen bewegt, ist nicht nur Wasser in unseren Augen, sondern das Blut unserer Vorfahren. Wenn wir euch Land verkaufen, müsst ihr wissen, dass es heilig ist, und eure Kinder lehren, dass es heilig ist und dass jede flüchtige Spiegelung im klaren Wasser der Seen von Ereignissen und Überlieferungen aus dem Leben meines Volkes erzählt.

Das Murmeln des Wassers ist die Stimme meiner Vorväter. Die Flüsse sind unsere Brüder, sie stillen unseren Durst, tragen unsere Kanus und nähren unsere Kinder.

Wenn wir euch also unser Land verkaufen, so müsst ihr euch daran erinnern und eure Kinder lehren, dass die Flüsse unsere Brüder sind – und eure. Und ihr müsst von nun an den Flüssen eure Güte geben, so wie jedem anderen Bruder auch.

Unser Volk zog sich immer zurück vor dem eindringenden weißen Mann, so wie der Frühnebel in den Bergen vor der Morgensonne weicht. Aber die Asche unserer Väter ist heilig, ihre Gräber sind geweihter Boden, und so sind diese Hügel, diese Bäume, dieser Teil der Erde uns heilig.

Wir wissen, dass euer Volk, der weiße Mann, unsere Art nicht versteht. Land ist euch nicht heilig, denn ihr seid Fremde, die kommen in der Nacht und von der Erde nehmen, was immer ihr braucht.

Die Erde ist nicht euer Bruder, sondern euer Feind, und wenn ihr sie erobert habt, schreitet ihr weiter. Ihr lasst die Gräber eurer Väter zurück und kümmert euch nicht. Ihr stehlt die Erde von euren Kindern und kümmert euch nicht.

Die Gräber eurer Väter und das Geburtsrecht eurer Kinder sind vergessen.

Ihr behandelt eure Mutter, die Erde, und euren Bruder, den Himmel, wie Dinge zum Kaufen und Plündern, zum Verkaufen wie Schafe oder glänzende Perlen. Euer Hunger wird die Erde verschlingen und nichts zurücklassen als Wüste.

Ich weiß nicht – unsere Art ist anders als die eure. Aber vielleicht nur deshalb, weil ich ein Wilder bin und nicht verstehe. Der Anblick eurer Städte schmerzt die Augen des roten Mannes. Es gibt keine Stille in den Städten der Weißen. Keinen Ort, um das Entfalten der Blätter im Frühling zu hören oder das Summen der Insekten. Das endlose Geklapper und Getöse in euren Städten scheint unsere Ohren nur zu beleidigen. Was gibt es schon im Leben, wenn man nicht den einsamen Schrei des Adlers hören kann oder das Gestreite der Frösche am Teich bei Nacht? Ich bin ein roter Mann und verstehe das nicht. Der Indianer mag das sanfte Geräusch des Windes, der über eine Teichfläche streicht, und den Geruch des Windes, gereinigt vom Mittagsregen oder schwer vom Duft der Kiefern. Die Luft ist kostbar für uns, denn alle Dinge teilen denselben Atem: das Tier, der Baum, der Mensch – sie alle teilen denselben Atem.

Der weiße Mann scheint die Luft, die er atmet, nicht zu bemerken. Wie ein Mann, der seit vielen Tagen stirbt, ist er abgestumpft gegen den eigenen Gestank. Aber wenn wir euch unser Land verkaufen, dürft ihr nicht vergessen, dass die Luft für uns kostbar ist, dass die Luft ihren Geist teilt mit all dem Leben, das sie erhält.

Denn der Wind gab unseren Vätern, wie allen Menschen, den ersten Atem und empfängt ihren letzten. Und der Wind wird auch unseren Kindern den Lebensgeist geben. Und wenn wir euch unser Land verkaufen, so müsst ihr es als ein besonderes und geweihtes schätzen und bewahren, als einen Ort, wo auch ihr spürt, dass der Wind süß duftet von den Wiesenblumen.

Wenn wir uns entschließen euer Ansinnen, unser Land zu kaufen, anzunehmen, so nur unter einer Bedingung: Der weiße Mann muss die Tiere des Landes behandeln wie seine Brüder.

Ich bin ein Wilder und verstehe es nicht: Ich habe tausend verrottende Büffel gesehen, vom weißen Mann ohne Grund erschossen und zurückgelassen. Ich bin ein Wilder und kann nicht verstehen, wie man so etwas tun kann. Wir töten den Büffel nur, um am Leben zu bleiben. Der Büffel nährt uns und sein Fell spendet uns Wärme.

Denn was ist der Mensch ohne die Tiere? Wären alle Tiere fort, so stürbe der Mensch an großer Einsamkeit des Geistes. Was immer den Tieren geschieht, geschieht bald auch den Menschen, denn alle Dinge sind miteinander verbunden. Ich bin ein

Wilder und kann nicht verstehen, wie das qualmende Eisenpferd und eure Maschinen wichtiger sein sollen als die Tiere, die wir nur töten, um am Leben zu bleiben.

Was die Erde befällt, befällt auch die Söhne der Erde.

Ihr müsst eure Kinder lehren, dass der Boden unter ihren Füßen die Asche unserer Großväter ist. Damit sie das Land achten, erzählt ihnen, dass die Erde erfüllt ist von den Seelen unserer Vorfahren. Lehrt eure Kinder, was wir unsere Kinder lehrten: Die Erde ist unsere Mutter. Was die Erde befällt, befällt auch die Söhne der Erde. Wenn Menschen auf die Erde spucken, bespeien sie sich selbst. Denn das wissen wir: Die Erde gehört nicht den Menschen, der Mensch gehört zur Erde. Alles ist miteinander verbunden wie das Blut, das eine Familie vereint. Alles ist verbunden. Was die Erde befällt, befällt auch die Söhne der Erde. Der Mensch schuf nicht das Gewebe des Lebens, er ist darin nur eine Faser. Was immer ihr dem Gewebe antut, das tut ihr euch selber an.

Könnt ihr denn mit der Erde tun, was ihr wollt, nur weil wir ein Stück Papier unterzeichnen und es euch geben? Wenn wir nicht die Frische der Luft und das Glitzern des Wassers besitzen – wie könnt ihr sie von uns kaufen? Könnt ihr die Büffel kaufen, wenn der letzte getötet ist?

Unser Glaube ist Brauch und Überlieferung unserer Ahnen, sie sind die Träume unserer Alten, nächtliche Geschenke des Großen Geistes. Sie stehen in den Herzen unseres Volkes geschrieben.

Eure Toten hören auf, das Land ihrer Geburt zu lieben und auch euch, sobald sie das Tor des Grabes durchschreiten und weit jenseits der Sterne wandern. Eure Toten sind bald vergessen und kehren nie wieder zurück.

Unsere Toten vergessen niemals die schöne Erde, die ihnen Leben schenkte. Sie hören nicht auf, ihre grünen Täler und rauschenden Flüsse, die Schönheit der Berge und Buchten zu lieben. Ihre zärtliche Sehnsucht nach den Lebenden, die einsamen Herzens zurückgeblieben sind, treibt sie wieder und wieder aus dem großen Jenseits zurück, um uns zu besuchen, zu führen und zu trösten.

Unsere Toten leben fort in den süßen Flüssen der Erde, und es ist ihre Seele im Wind, der die Oberfläche der Teiche kräuselt.

Das Ansinnen des weißen Mannes, unser Land zu kaufen, werden wir überdenken. Aber mein Volk fragt, was will der weiße Mann denn kaufen? Wie kann man den Himmel oder die Wärme der Erde kaufen – oder die Schnelligkeit der Antilope? Wie können wir euch diese Dinge verkaufen, die wir nicht besitzen? Und wie könnt ihr sie von uns kaufen?

Doch wir wissen, wenn wir nicht verkaufen, kommt wahrscheinlich der weiße Mann mit Waffen und nimmt sich unser Land. Aber wir sind Wilde und der weiße Mann, vorübergehend im Besitz der Macht, glaubt, er sei schon Gott, dem die Erde gehört. Wie aber kann ein Mensch seine Mutter besitzen? Ich verstehe das nicht – unsere Art ist anders als die eure.

Tag und Nacht können nicht zusammenleben – wir werden euer Angebot bedenken, in das Reservat zu gehen.

Unsere Kinder sahen ihre Väter gedemütigt und besiegt. Unsere Krieger wurden beschämt. Nach Niederlagen verbringen sie ihre Tage müßig und vergiften ihren Körper mit süßer Speise und starkem Trunk.

Es ist unbedeutend, wo wir den Rest unserer Tage verbringen. Es sind nicht mehr viele. Die Nacht der Indianer wird dunkel sein. Es ist kein Stern am Horizont, der Hoffnung brächte.

Nur ein paar Monde noch, nur noch wenige Winter, und kein Nachkomme der einst mächtigen Stämme, die unter dem Schutz des Großen Geistes dieses weite Land bevölkerten und glücklich darauf lebten, wird mehr übrig sein, um an den Gräbern eines Volkes zu trauern, das einst stärker und hoffnungsvoller war als das eure.

Aber warum soll ich trauern um den Untergang meines Volkes?

Ein Stamm folgt auf den anderen, eine Nation löst die andere ab. Menschen kommen und gehen wie die Wellen im Meer. So will es die Natur und es ist nutzlos, dies zu bedauern.

Euer Niedergang mag noch in weiter Ferne liegen, aber er wird kommen. Denn selbst der weiße Mann, dessen Gott mit ihm spricht wie Freund zu Freund, kann dem Schicksal nicht entgehen, das allen Menschen gemein ist.

Vielleicht sind wir doch Brüder. Wir werden sehen.

Eines wissen wir, was der weiße Mann vielleicht nicht weiß: Unser Gott ist derselbe Gott.

Ihr denkt vielleicht, dass ihr ihn besitzt, so wie ihr unser Land zu besitzen trachtet, aber das könnt ihr nicht. Er ist der Gott aller Menschen – gleichermaßen der roten und der weißen. Dieses Land ist ihm wertvoll. Und die Erde zu verletzen, heißt, ihren Schöpfer zu verachten.

Auch die Weißen werden vergehen, eher vielleicht, als ihr denkt. Fahret fort, euer Bett zu verseuchen, und eines Nachts werdet ihr im eigenen Abfall ersticken.

Diese Bestimmung ist uns ein Rätsel.

Wenn die Büffel alle geschlachtet sind, die wilden Pferde alle gezähmt, die heimlichen Winkel des Waldes schwer vom Geruch unzähliger Menschen und der Anblick reifer Hügel geschändet von redenden Drähten. Wo ist dann das Dickicht? Fort! Wo der Adler? Fort! Und was bedeutet es, Lebewohl zu sagen dem schnellen Pony und der Jagd: das Ende des Lebens – und der Beginn des Überlebens!

Gott gab euch Herrschaft über die Tiere, die Wälder und den roten Mann aus einem besonderen Grund – doch dieser Grund ist uns ein Rätsel. Vielleicht könnten wir es verstehen, wenn wir wüssten, wovon der weiße Mann träumt, welche Hoffnungen er seinen Kindern an langen Winterabenden schildert und welche Visionen er in ihre Vorstellungen brennt, sodass sie sich nach einem Morgen sehnen. Aber wir sind Wilde. Die Träume des weißen Mannes sind uns verborgen. Und weil sie uns verborgen sind, werden wir unsere eignen Wege gehen. Denn vor allem schätzen wir das Recht eines jeden Menschen, so zu leben, wie er selber es wünscht – gleich wie verschieden von seinen Brüdern er ist.

Das ist nicht viel, was uns verbindet.

Wir werden euer Angebot bedenken. Wenn wir zustimmen, so nur, um das Reservat zu sichern, das ihr versprochen habt. Dort vielleicht können wir unsere kurzen Tage auf unsere Weise verbringen. Wenn der letzte rote Mann von dieser Erde verschwunden ist und die Erinnerung an uns nur noch der Schatten einer Wolke über der Prärie, werden diese Ufer und diese Wälder immer noch vom Geist meiner Väter erfüllt sein. Denn sie liebten diese Erde wie das Neugeborene den Herzschlag seiner Mutter.

Wenn wir euch unser Land verkaufen, liebt es, so wie wir es liebten, kümmert euch, so wie wir uns kümmerten, behaltet die Erinnerung an das Land so, wie es ist, wenn ihr es nehmt. Und mit all eurer Stärke, eurem Geist, eurem Herzen erhaltet es für eure Kinder und liebt es – so wie Gott uns alle liebt.

Denn eines wissen wir – unser Gott ist derselbe Gott. Diese Erde ist ihm heilig. Selbst der weiße Mann kann der gemeinsamen Bestimmung nicht entgehen.

Der weiße Mann soll gerecht sein und unser Volk gut behandeln. Denn die Toten sind nicht ohne Macht.

Sagte ich Tod?

Es gibt keinen Tod. Nur ein Hinübergehen in eine andere Welt.

Große Fragen oder quo vadis?

Obschon ich erst 18 Jahre alt bin, habe ich mich bereits früh mit den großen Fragen des Lebens beschäftigt. Fragen, die nicht nur mich, sondern die Menschheit seit Jahrtausenden begleiten: Wieso sind wir hier? Wer hat uns geschickt? Was passiert nach dem Tod? Welche Aufgabe haben wir?

Vielleicht stelle ich mir diese Fragen immer wieder, weil ich es hasse, Fragen unbeantwortet zu lassen. Vielleicht ist es aber auch der Reiz, dass die Antworten auf genau jene Fragen so unvorstellbar erscheinen. Vermutlich sind sie die wohl fundamentalsten; gewissermaßen ist unsere gesamte Gesellschaft darauf aufgebaut, denn sie treiben uns an zu forschen, zu tüfteln, zu hinterfragen, einen Schritt auf einem Terrain zu machen, welches noch nicht kartografiert ist. Wie kann man denn die Menschheit begreifen, wenn man deren Ursprung und deren Werdegang nicht kennt?

Nicht zuletzt stieß ich auf die Frage, was den Menschen denn so unglaublich erfolgreich macht. Viele mögen denken, dass es seine Dominanz, seine Macht, seine Intelligenz und der praktische Sinn seien, doch ich bin fest davon überzeugt, dass jene Faktoren zwar wichtige Hilfsmittel waren, jedoch nicht der ausschlaggebende Faktor. Denn Dominanz wird schwächer und Macht bricht zusammen. Das Einzige, was bleibt, ist die Geschichte.

Die Geschichte der Menschheit ist einzigartig.

Wir haben eine ganze Zivilisation erbaut. Aus Silben wurden Worte, aus Höhlen wurden Wolkenkratzer, aus einer Gruppe wurde eine Nation. Und das Wichtigste dabei: Wir wurden die Menschen, die wir heute sind. Dabei spreche ich nicht primär von der Abfolge der Generationen. Die Schwierigkeit einer Spezies liegt nicht in ihrer Reproduktion, sondern darin, in der Welt und deren Bedingungen zurechtzukommen. Den Nachkommen also nicht nur das Leben, sondern eine Zukunft, eine eigene Geschichte zu ermöglichen. Das ist die Hürde, die jede Generation überwinden muss. Ich glaube, dass genau hier die Antwort auf die Frage liegt, was unsere Aufgabe auf Erden ist: Es ist heute unsere Aufgabe, sogar unsere Pflicht gegenüber der nächsten Generation und all jenen, die danach kommen werden, die Erde bewohnbar zu halten. Damit unsere Geschichte weitererzählt werden kann.

An dieser Stelle werfe ich eine weitere Frage auf, die mich seit der Arbeit an diesem Buchprojekt beschäftigt: Wieso scheint der Klimawandel eine surreale Sache zu sein? „Surreal" in dem Sinne, dass wir zwar wissen und erkennen, aber nichts machen. Außer von den anderen zu fordern, dass sie etwas machen sollen: der Industrie, der Politik, den Reichen, den Influencern. Ich meine, es geht doch um uns und um unsere Welt! Um die Zukunft. Unsere Zukunft. Unsere Nachkommen. Kann man etwas mehr lieben als seine Kinder? Ich glaube, dass die meisten Menschen diese Frage verneinen würden. Aber wieso tun wir dann nichts? Das Leben unserer Kinder sollte uns doch wichtig sein. Wir sollten uns doch für sie eine wunderbare Zukunft wünschen – und diese nicht etwa zerstören.

Wir wissen doch, wie es um die Erde steht.

Ich meine: Wir sehen Nachrichten, wir lesen Zeitung, wir hören Radio. Wir sehen die Diagramme über den Hitze- und Meeresspiegelanstieg, bemerken die zunehmenden meteorologischen Asymmetrien. Uns werden Bilder von sterbenden Eisbären gezeigt, Naturkatastrophen auf Katastrophen folgen im Nachrichtenfluss. In den Schulen schwänzen die Schüler, um am Freitag demonstrieren zu gehen … Und dennoch fliegen die meisten spontan übers Wochenende nach Barcelona, benutzen das Auto auf Strecken, die mit dem Fahrrad oder sogar zu Fuß leicht bewältigt werden können, bestellen Unmengen an Paketen online, nehmen im Supermarkt für jede gekaufte Frucht eine Extraplastiktüte. Also stelle ich die Frage nochmals: Was macht den Klimawandel so surreal?

Wenn wir mal ehrlich sind, dann glauben die wenigsten von uns, dass die Erde wirklich in der Lebensspanne dieser und der nächsten Generation unbewohnbar sein wird, obwohl wir durch die Medien mit Fakten bombardiert werden, die das Gegenteil sagen.

Warum also glauben wir den Fakten nicht?

Die Antwort darauf ist ganz einfach, wenngleich ebenso surreal: Ich meine, wir Menschen leben seit unzähligen Jahren hier auf Erden und noch nie war die Unbewohnbarkeit dieses Planeten das Thema Nummer eins gewesen. Noch nie musste sich die ganze Welt darüber Gedanken machen, ob die Menschheit in einigen Jahrzehnten noch auf der Erde überleben kann.

Der ein oder andere denkt jetzt sicher, dass ich maßlos übertreibe und wir schon irgendeine Lösung finden werden, die vielleicht sogar mit unserem momentanen Lebensstil zu vereinbaren sein könnte. Ich werde ganz offen und direkt sein: Als mein Vater und ich beschlossen, dieses Buch zu schreiben, haben wir uns lange über den Inhalt Gedanken gemacht. Wir sind uns nach langen Überlegungen einig geworden, dass wir auf keinen Fall ein apokalyptisches, negatives Werk daraus machen wollten. Aber wir möchten unseren Lesern freimütig und ehrlich begegnen. Wir möchten also einerseits aufzeigen, wie es um unsere Erde steht, und andererseits mitteilen, dass wir ihr Schicksal noch ändern können. Wenn wir nur dasitzen und nichts tun, wird auch nichts geschehen. Es ist banal, aber wahr: Von nichts kommt nichts. Wir müssen unser gesamtes Wirtschaftssystem umgestalten. Genauso müssen wir unseren jetzigen Lebensstil und unsere Einstellung überdenken und neu definieren.

Das wird nicht leicht.

In diesem Zusammenhang sei die Rote-Königin-Hypothese erwähnt: Dies ist eine biologische Erklärung für die Evolution von Organismen. Sie entstammt einem Satz des von Lewis Caroll verfassten Buches „Alice hinter den Spiegeln“. Dort erklärt die Rote Königin der Heldin Alice: „Hierzulande musst du so schnell rennen, wie du kannst, wenn du am gleichen Fleck bleiben willst.“ In der Biologie entspricht dieser Satz dem evolutionären Wettlauf und dem Selektionsdruck. Dabei bedeutet Evolution, dass der Gewinn einer Gruppe mit dem Verlust einer anderen einhergehen kann. Oft dient die Hypothese als Erklärung für die sexuelle Fortpflanzung. Im eigentlichen Sinne besagt die Hypothese aber auch, dass der Mensch sich stetig mit der Umwelt weiterentwickelt. Der entscheidende Punkt dabei ist, sich mit der Umwelt weiterzuentwickeln. Ich habe das Gefühl, dass diese Worte oft überlesen werden, da die Entwicklung des Menschen und vor allem der technische Fortschritt in den letzten Jahrzehnten immer mehr in den Vordergrund gelangten, sodass wir die Veränderungen unserer Umwelt gar nicht wahrnahmen. Doch diese hat sich drastisch verändert. Nun ist es an der Zeit, dass wir uns anpassen und uns mit ihr mitentwickeln.

An dieser Stelle seien die erneuerbaren Energien erwähnt. Wir müssen auf erneuerbare Energien umstellen. Tun wir das nicht, dann wird sich die Erde in wenigen Jahren so stark aufheizen, dass der Klimawandel nicht mehr aufzuhalten ist. Wir werden in einem Teufelskreis landen, in dem wir nichts mehr tun können, um die Erde zu retten. Und sind wir an diesem Punkt erst angelangt, werden zunächst die Tiere und dann der Mensch aussterben und mit uns unsere Geschichte.

Das klingt drastisch und übertrieben? Nein, denn allein in den vergangenen 25 Jahren sind rund 60 % aller Insekten bereits ausgestorben. Sie sind die Grundlage unserer Ökologie, folgerichtig folgte ihrem Rückgang die Abnahme der Vogelpopulation um rund 56 % seit 1980, 85 % der Feuchtgebiete sind zerstört, in

Deutschland sind 46 % der Bodenflächen in Siedlungsgebieten versiegelt. Hier wächst nichts mehr.

Und nun zeige ich mit dem Finger auf dich. Ja, da ist keine Person hinten dran, nein, ich meine dich, ganz genau! Ich möchte, dass du die Augen schließt und dich an all die Dinge zurückerinnerst, die du in deinem Leben schon erlebt hast. Ich möchte, dass du dich sowohl an die guten als auch an die schlechten Tage deines Lebens erinnerst. Lass all die Momente, all die begangenen Fehler, all die Erfolge und all die Taten vor deinem inneren Auge vorbeiziehen. Du siehst bestimmt Situationen vor dir, in denen du eine Entscheidung getroffen hast, die du jedoch heute ganz anders fällen würdest. Du bist bestimmt an Wegkreuzungen gelangt, bei denen du dich für einen Weg entschieden hast, obwohl da noch ein anderer Pfad war. Und vielleicht fragst du dich manchmal, was aus deinem Leben geworden wäre, hättest du dich für den anderen Pfad entschieden. Wir sind uns sicher einig, dass du andere Bilder vor deinem inneren Auge hättest vorbeiziehen sehen. Deine Geschichte wäre eine andere, genauso wie die meine, hätte ich in meinem Leben andere Pfade betreten als diejenigen, die ich tatsächlich genommen habe. Ich würde vielleicht nicht in diesem Moment am Computer sitzen und diese Zeilen schreiben. Dies würde aber auch bedeuten, dass du sie gar nicht lesen könntest – und mit dir auch kein anderer. Meine sogenannte „Story-Line“ kreuzt deine also genau in diesem Moment und beeinflusst sie. Genau das ist es, was uns Chief Seattle (vgl. seine Rede in diesem

Buch) schon vor fast zweihundert Jahren mitteilen wollte: Alles ist miteinander verbunden.

Das kann niemand leugnen. Denn jede Bekanntschaft, jede Erfahrung und jede Tat beeinflusst unsere Gegenwart genauso wie unsere Zukunft. Der Mensch ist auf alle anderen Lebewesen und Umweltfaktoren angewiesen, weil sie seine „Story-Line" in jeder verstreichenden Sekunde nicht nur kreuzen, sondern auch mit ihr verbunden sind.

Genauso hatte es Chief Seattle beschrieben: „Der Mensch schuf nicht das Gewebe des Lebens, er ist darin nur eine Faser." Jeder von uns ist eine solche Faser, und wir bilden gemeinsam ein funktionelles Gewebe eines komplexen Organismus. Fällt eine Faser weg, zerfällt das Gewebe und unsere eigene Geschichte wird beeinflusst.

Stellen wir uns einen Zeitstrahl vor, der unendlich viele unterschiedliche oder alternative Geschichten enthält, eben solche „Story-Lines". Stellen wir uns diese als Eisenbahngleise vor. Wir bewegen uns in einem Zug auf einem dieser Gleise. Wenn einer von uns den Verlauf unserer jetzigen Story-Line verändert, sagen wir, indem er einen Pfad betritt, welcher bedeutet, dass ich diese Zeilen nicht schreibe und du dieses Buch zwangsläufig nicht liest, dann rutschen wir auf ein neues Gleis und somit auf eine alternative Story-Line.

Ich stelle mir vor, dass dieser „Gleiswechsel" tagtäglich passiert, weil jedes Individuum Entscheidungen trifft, die letztlich in der Folge unser aller Leben beeinflussen.

Was ich mir jedoch auch vorstelle, ist, dass es am Ende unserer Story-Line immer weniger Gleise gibt, die sich verzweigen, bis es nur noch zwei sind. Die eine Schiene führt in ein langes Netzwerk aus sich immer wieder verzweigenden Schienen, die irgendwann an einem Bahnhof enden, die andere Schiene hört kurz nach der Verzweigung auf, als hätte man vergessen, sie weiterzuführen. Der Zug wird entgleisen, wenn er diese Schiene befährt. Auf genau jene Schiene rasen wir momentan zu.

Doch da gibt es immer noch diese andere Schiene, auf die wir wechseln können.

Stell dir vor, dass die gesamte Menschheit in diesem Zug sitzt, jedes Land in einem anderen Waggon und trotzdem verbunden mit dem gleichen Fahrzeug, alle fahren in die gleiche Richtung, alle haben das gleiche Ziel, alle die gleiche Geschwindigkeit. Du sitzt in einem dieser Waggons auf einer Bank in der vordersten Reihe und siehst aus dem Fenster auf eine Landschaft, die zunächst von saftigen Graswiesen und hohen Bäumen geprägt ist, die sich mit den Jahreszeiten verfärben, um dann wieder grün zu erstrahlen. Je länger der Zug jedoch auf dieser Schiene fährt, desto heißer, stärker scheint die Sonne am Himmel zu glühen, wie ein Feuerball. Die Blätter der Bäume werden wieder braun, doch erstrahlen sie nur noch selten in dem zuvor bewunderten Grün. Die Landschaft wird karger, die Wiesen seltener, die Vögel am Himmel sind fort.

Dein Blick wendet sich dem Innenraum deines Waggons zu und du schaust auf die Bank zu deiner Rechten, auf der zwei

Teenager sitzen und sich lebhaft unterhalten. Auf der Bank hinter ihnen ist ein alter Mann eingeschlafen, sein schön verzierter Gehstock lehnt neben ihm an der Bank. Deine Blicke schweifen zu einem jungen Mann, der mit schnellen Handbewegungen ein paar Zeilen in einen Computer tippt, immer wieder innehält und das Geschriebene kritisch betrachtet, während er sich mit den Fingerspitzen nachdenklich über die Lippen fährt. Du siehst eine junge Mutter, die ihr kleines Kind in den Armen hält und lächelt, einen älteren Herrn mit Schnurrbart, der telefoniert, eine junge Frau, die ein Buch liest, eine ältere Dame neben ihr, welche strickt, und einen kleinen Jungen, der dir sehr bekannt vorkommt. Deine Blicke schweifen über viele fremde wie auch bekannte Gesichter und während du die Menschen Bank für Bank betrachtest, erklingt aus den zwei Lautsprechern an der Wand vor dir eine Stimme, die durch das Rauschen der Sprechanlage immer wieder unterbrochen wird.

Es ist die Stimme des Zugführers, der den Passagieren mitteilt, dass der Zug auf eine Weiche zurast und wir nur wenige Minuten haben, um uns zu entscheiden, ob wir das Gleis wechseln wollen oder nicht. Er teilt uns mit, dass die Schienen zu wechseln zwar einerseits bedeutet, alle Menschen im Zug zum Bahnhof zu befördern, andererseits erwähnt er jedoch auch, dass dieser Bahnhof ganz anders ist als der Bahnhof, den wir verlassen haben, nachdem wir in den Zug gestiegen sind. Er sagt, dass der Bahnhof in einer Stadt liegt, die ganz anders aussieht als die, die wir kannten. Es ist keine Stadt mehr, aus der die Natur vertrieben ist, es gibt keine grauen Betonblöcke mehr und auch keine schwarzen Rauchschwaden, die aus dunklen Rohren kamen und schwer in der Luft hingen. Der Zugführer beschreibt die Destination eher als eine neue Welt, in der der Mensch im Einklang mit der Natur lebe und nicht gegen sie in den Krieg ziehe.

Einige Passagiere im Zug schütteln den Kopf und meckern halblaut vor sich hin. Was fällt dem Zugführer denn überhaupt ein, uns zu einem Bahnhof in einer Welt zu bringen, in der man alles zurücklassen müsste, was man doch zuvor mühsam aufgebaut hat!

Der Mann mit Schnurrbart hat sein Telefonat inzwischen beendet und seufzt genervt, als er die Worte des Zugführers hört. „Das kann doch wohl nicht wahr sein! Keine Kohleindustrie? Was ist denn das für eine Stadt? Wie verdiene ich denn sonst mein Geld?“

Der Zugführer übertönt die Stimmen und fährt mit seiner Ansprache fort. Er teilt allen Passagieren mit, dass der Zug entgleisen und alle darin befindlichen Individuen schwere Schäden davontragen würden, entschieden sie sich, auf dem Gleis zu bleiben. Er könne nicht für die Sicherheit aller im Zug Befindlichen garantieren.

„Die Entscheidung liegt bei Ihnen, Sie haben zehn Minuten Zeit, sich zu entscheiden, bevor der Zug entgleist! Einer von Ihnen hat das Funkgerät, um mir die Entscheidung mitzuteilen“, sind seine letzten Worte, bevor die Verbindung abbricht.

Die unzufriedenen Stimmen sind inzwischen verstummt. Alle sehen sich ängstlich an.

Es folgt eine unangenehme Stille, die jedoch bald von einigen Passagieren durchbrochen wird, die aufstehen und sich beschweren. Einer nach dem anderen folgt dem Beispiel, bis alle Passagiere stehen und gleichzeitig sprechen.

Alle außer dir. Du sitzt immer noch auf derselben Bank in der ersten Reihe und denkst über die Worte des Zugführers nach, während das Echo von lauten, verängstigten Stimmen von den Waggonwänden zu deinen Ohren zurückhallt, dein Trommelfell zum Beben bringt. Es ist stickig im Zug, die Sonnenstrahlen fallen schräg durch die großen Fenster und beleuchten die Staubpartikel im Waggon, die durch die wilden Handbewegungen der nun stehenden Menschen angetrieben werden und durch die Luft tanzen. Dein Kopf dröhnt, deine Kehle ist trocken, deine Hände sind feucht.

Du stehst langsam auf und quetscht dich zwischen den wild diskutierenden Menschen hindurch zum Ende des Waggons. Dort ist ein Fenster, durch welches du in den angrenzenden Waggon sehen kannst. Auch dort sind alle Passagiere aufgestanden. Du siehst, wie ihre Münder sich öffnen, ihre Lippen beben und ihre Augen sich weiten, während sie aufgeregt gestikulieren. Hättest du in den nächsten Waggon gesehen, so wäre das Bild vor deinen Augen nicht viel anders gewesen, denn eines haben die Menschen gemeinsam: Sie sind sich uneinig.

In der Ecke neben dir erkennst du den dir bekannt aussehenden Jungen, der sich nun zusammengerollt die Ohren zuhält und mit geschlossenen Augen hin und her wippt. Auf seinem Schoß sitzt ein zerlumpter Stoffhase, der dich an deinen Stoffhasen erinnert, welchen du als Kind hattest.

Während du dich nun durch die Menschenmenge zurück an deinen Platz kämpfst, siehst du, wie der ältere Herr mit Schnurrbart der jungen Mutter neben ihm erklärt, dass er der Chef einer Erdölfirma sei und sicherlich nicht sein schwer erkämpftes Imperium aufgeben würde für eine Destination, in der er von vorne anfangen müsste. Die Mutter jedoch redet mit bebender Stimme auf ihn ein, dass sie nur in den Zug gestiegen sei, damit ihr kleines Kind den Bahnhof erreicht. Sie betont, dass sie ihm ein Leben wünsche, welches lebenswert ist, und dass ein entgleister Zug nicht die Definition von „lebenswert" erfülle.

Du gehst weiter und hörst die Stimme der alten Dame, die ihre Stricksachen auf die Bank gelegt hat und lauthals verkündet, dass sie das Erreichen des besagten Bahnhofes sowieso nicht mehr erleben werde, da könne sie gerade so gut ihr Leben noch genießen und müsse sich nicht auf ein völlig neues Gleis begeben. Der junge Mann neben ihr hält dagegen, dass er diesen Bahnhof aber sehr gerne sehen würde und es nicht an einer alten Dame, die ihr Leben gelebt hatte, wäre zu entscheiden, wer den Bahnhof erreiche und wer nicht.

Du erreichst deinen Sitz in der ersten Reihe wieder, und während die Stimmen nun vielmehr ein tiefes Dröhnen in deinen Ohren sind, siehst du auf deine Hände und bemerkst plötzlich, dass du das Funkgerät in den Händen hältst!

Und genau in diesem Moment wird dir klar, dass die Entscheidung bei dir allein liegt.

Ganz egal, was der Herr mit Schnurrbart, die Mutter, die ältere Dame oder der junge Mann sagen. Du entscheidest über alle im Zug befindlichen Individuen.

Ein kalter Schauer läuft dir über den Rücken und dir wird, trotz der Hitze im Waggon, fürchterlich kalt. Wer hat recht? Wie sollst du dich entscheiden? Wie viele Minuten hast du noch Zeit?

Während dir tausend Fragen durch den Kopf gehen, bemerkst du ein Kind, das links neben dir sitzt. Das kleine Mädchen ist nicht älter als fünf Jahre alt, ihre großen, braunen Kulleraugen sehen direkt in deine Augen, die kleinen Finger umklammern einen alten, mitgenommenen Stoffhasen, denselben wie der auf dem Schoss des zusammengerollten Jungen hinten im Waggon. Tief in ihren Augen ist etwas zu erkennen, das du nur schwer einordnen kannst: Sie sieht weder verängstigt noch traurig aus, sondern strahlt vielmehr die Weisheit eines Menschen aus, der sein Leben gelebt hat, so als hätte sie schon alles gesehen, obwohl sie doch noch so jung ist. Deine Blicke fallen auf das Funkgerät in deinen Händen, dann kommt dir eine Idee. Du kannst die Entscheidung nicht treffen, der Druck ist zu hoch! Also legst du das Funkgerät in die kleinen Hände des Mädchens …

Das ist der Fehler, den wir seit Jahrzehnten machen. Wir treffen keine Entscheidung und geben die Probleme an die nächste Generation weiter. Doch das bedeutet nicht, dass sie aus der Welt sind. Ganz im Gegenteil: Wir kommen allmählich an den

Punkt, an dem die Probleme nicht mehr weitergegeben werden können. Wir sind an diesem Punkt der Verzweigung.

Der Junge in der hinteren Ecke des Waggons, welcher sich die Augen und Ohren zuhält, kommt dir so bekannt vor, weil er du ist. Er kommt aus der Vergangenheit. Einer Vergangenheit, in der man sich die Augen und Ohren zuhielt und die Probleme weitergab. Das kleine Mädchen, welches dich mit ihren großen, hoffnungsvollen Augen ansieht, bist auch du. Doch sie hat die Zukunft gesehen und ist zurückgekehrt, um dir jetzt das Funkgerät zurückzugeben, welches du ihr gegeben hast.

Dir sollte klar werden, dass dieser Zug auf seiner Reise schon an vielen Bahnhöfen angehalten hat, an denen viele Menschen einstiegen und ausstiegen. Der Junge ist an einem Bahnhof eingestiegen, den wir schon passiert haben, das Mädchen an einem Bahnhof, den wir noch nicht passiert haben. Und du, du sitzt auch in diesem Zug, du hast das Funkgerät in der Hand, du entscheidest über den Jungen und das Mädchen, du entscheidest über deren Geschichten.

Du drückst auf den roten Knopf am Funkgerät. Ein Rauschen erklingt. Langsam nähert sich dein Mund dem Lautsprecher.

Was wirst du sagen?

***

Der letzte entscheidende Pfad, bei dem ich eine bedeutende Entscheidung traf, hatte zwei Wege. Ich habe mich für einen dieser beiden entschieden und bin weitergezogen, Schritt für Schritt.

Anfangs, muss ich zugeben, hatte ich Zweifel: Ich hatte mich gefragt, ob ich nicht doch den anderen, den einfacheren Weg hätte gehen sollen, doch mit jedem Schritt, den ich weiterging, wurde meine Überzeugung, an der richtigen Stelle abgebogen zu sein, noch größer und gewaltiger – wie eine Welle, die immer stärker wird.

Weißt du, weshalb ich mir so sicher wurde?

Es hat mit einem Bild zu tun, welches ich etwa zwei Sekunden gesehen habe. Diese zwei Sekunden zählten zu den wohl eindrücklichsten, die ich je erlebt habe. Von den ungefähr 580 Millionen Sekunden, die ich auf der Erde lebe, haben genau zwei davon mich dermaßen beeinflusst, dass ich die Abzweigung mit Stolz nahm. Es war das Bild eines ausgehungerten Eisbären, der gerade noch so viel Kraft fand, um seine schweren Klauen mühsam zu heben, um einen Schritt vor den anderen in seiner kargen Welt zu setzen, in der es keinen Platz mehr für ihn gab. Sein früher so strahlend weißes, gesundes Fell, welches ihm nun schwer über den Knochen hing, wie ein Bettlaken an der Wäscheleine, schien vergilbt und rau. Sein Anblick war durch Erschöpfung und Trauer gekennzeichnet. Und als ich dieses Bild sah, da wusste ich genauso wie der Eisbär, dass dieses Tier den Bahnhof nicht mehr erreichen würde. Mich überkam eine tiefe Trauer, die mich tief bewegte.

Und jedes Mal, wenn meine Schritte auf diesem Weg langsamer werden, weil ich müde bin oder weil ich in Versuchung komme aufzugeben und umzudrehen, da sehe ich diesen Eisbären vor mir, der keine Wahl hatte, so wie wir sie haben. Und gleichzeitig sehe ich all jene Individuen, seien es Eisbären, Menschen oder andere, die ich vor diesem Schicksal retten könnte. Und das ist der Grund, weshalb ich mich an den Computer setze und dieses Buch schreibe, einerseits weil ich dieses schreckliche Bild einer zugrunde gehenden Spezies meinen Kindern ersparen will, andererseits aus Überzeugung und aus tief sitzender Hoffnung, dass ich deine Story-Line kreuze, damit du das Funkgerät nimmst und dem Zugführer sagst, er soll das Gleis wechseln.

Ich möchte, dass wir uns immer in Erinnerung rufen, dass wir alle im selben Zug sitzen. Vielleicht sitzen wir nicht alle im selben Waggon, vielleicht verstehen wir uns nicht alle gleich gut, doch alle Waggons sind miteinander verbunden, wir alle fahren mit der gleichen Geschwindigkeit, wir alle fahren in die gleiche Richtung. Wir müssen uns in Erinnerung rufen, dass es in diesem Zug keine Rolle spielt, was wir alles besitzen oder was wir haben, sondern nur, für welches Gleis wir uns entscheiden.

Ich sage dir ganz offen, dass es nicht reichen wird, um die Erde zu retten, wenn nur eine Handvoll Menschen auf dieser Welt weniger Fleisch essen oder nicht fliegen. Doch das heißt nicht, dass man jetzt das Handtuch wirft, weil es „eh nichts bringt". Das ist übrigens meiner Meinung nach völliger Blödsinn. Es ist nur eine Ausrede, wenn man zu faul ist, sich anzustrengen und etwas zu bewirken. Hätten das unsere Vorfahren jedes Mal gedacht, wenn sie eine bahnbrechende Idee hatten, so hätten wir einige Dinge wahrscheinlich nie erreicht.

Was ich damit sagen möchte, ist, dass ein Einzelner vielleicht nicht viel ausrichten kann, doch wenn sieben Milliarden Menschen einen kleinen Schritt machen, dann wird daraus ein riesiger Sprung werden.

Und wir können diesen Sprung noch wagen. Vergiss nicht, dass jede Generation, die die Menschheit hervorbrachte, eine Aufgabe hat. Von heute aus betrachtet, brachten die Generationen des 16. Jahrhunderts die Reformation voran. Die Generationen des 17. Jahrhunderts brachten die Renaissance, ein Jahrhundert danach kamen die Aufklärer, dann folgte die Generation der Industrialisierung, darauf die der Moderne inklusive ihres rasanten technischen Fortschritts (bis hin zu „Apollo 11“, die uns zum Mond beförderte). Und nun sind wir bei einer Generation angelangt, deren Aufgabe es sein wird, die Welt zu retten. Danach kommen vielleicht die Astronauten interstellarer Flüge oder sogar die Entdecker intelligenten Lebens, doch ganz egal, was folgt: Es ist von den Worten abhängig, die du ins Funkgerät sprichst.

Wenn du nun dieses Buch weiterliest, dann bitte ich dich, dir nach jedem Kapitel zwei Fragen zu stellen:

- Auf welchem Gleis befindet sich der Zug momentan?
- Was sage ich dem Zugführer?

Und ich möchte, dass du dir immer wieder in Erinnerung rufst, dass wir nicht mehr viel Zeit haben, bis wir die Verzweigung erreichen.

Klimawandel
Was geschehen kann

„Kann der Flügelschlag eines Schmetterlings in Brasilien einen Tornado in Texas auslösen?"

Dieser Satz war der Titel eines Vortrags, den der US-amerikanische Meteorologe Edward N. Lorenz 1972 vor der *American Association for the Advancement of Science* hielt.

Der Begriff „Schmetterlingseffekt" (Butterfly Effect), den Lorenz prägte, wurde in der Folge sehr geläufig und bezeichnet, wie sich in sogenannten nichtlinearen dynamischen, deterministischen Systemen kleinste Änderungen der Anfangsbedingungen langfristig auf die Entwicklung eines Systems, wie zum Beispiel das des Klimas, auswirken – und zwar nicht berechenbar. Anders gesagt: Selbst kleinste Effekte können sich unvorhersehbar über Kettenreaktionen selbst verstärken. Auch bis zu einer Katastrophe.

Vorarbeiten zu dieser Theorie leistete Lorenz mit einer Arbeit aus dem Jahre 1963, in der er eine Berechnung durchführte, um mit dem Computer das Wetter vorauszusagen. So fand er heraus, dass das Wetter für einen Tag relativ genau prognostiziert werden kann, während eine Vorhersage für einen Monat kaum möglich ist. Selbst wenn die ganze Erdoberfläche mit Sensoren bedeckt werden würde und diese nur geringfügig voneinander entfernt lägen, wäre auch ein unbegrenzt leistungsfähiger Computer nicht in der Lage, langfristig exakte Prognosen der Wetterentwicklung zu machen, denn auch die allerkleinsten Abweichungen – wie eben der genannte Flügelschlag eines Schmetterlings – könnten zu einer unberechenbaren Abweichung führen.

Es ist schwer für uns Menschen, sich solche Dinge bildlich vorzustellen. Unser Gehirn funktioniert anders: Automatisch nehmen wir an, dass kleine Ursachen kleine Wirkungen haben und dass große Ursachen eben auch große Wirkungen haben. Dies ist mitunter auch ein Grund dafür, dass es immer noch Personen gibt, die den Einfluss des Menschen auf den Klimawandel nicht wahrhaben wollen oder können. Noch schlimmer: Es gibt selbst Zeitgenossen, die den Einfluss des Menschen auf den Klimawandel schlichtweg leugnen.

Eines der Argumente, das von solchen Menschen dann und wann immer wieder angeführt wird, ist der sogenannte „gesunde Menschenverstand". Das hört sich dann meist in etwa so an: *„Es ist doch schlichtweg unwahrscheinlich, dass die sehr geringe Menge von 3 % an CO_2, die menschgemacht ist, einen solch massiven Einfluss auf den Klimawandel haben soll, wenn doch 97 % des gesamten CO_2 von der Natur selbst erzeugt wird"*, so ihr Standpunkt, mit dem sie den menschlichen Einfluss auf den Klimawandel negieren.

Auf den ersten Blick scheint dies ein rational nachvollziehbarer Standpunkt zu sein und wie soeben beschrieben, ist es uns in der Tat schwerlich vorstellbar, dass mickrige drei Prozent menschgemachtes CO_2 einen solch katastrophalen Effekt auf unser Klima haben könnten.

Hat es aber, denn die 97 Prozent CO_2-Emissionen, für die die Natur zuständig ist, gehören zu einem *geschlossenen Kreislauf*: Menschen, Tiere und Pflanzen atmen Milliarden von Tonnen CO_2 aus. Allerdings stehen auf der anderen Seite Pflanzen und Bäume, die das CO_2 (zusammen mit vielen anderen Stoffen) durch die Photosynthese zu Sauerstoff (O_2) und Glucose umwandeln. Der biologische Kohlenstoffkreislauf ist somit geschlossen. Was auch oft nicht wahrgenommen wird: Die CO_2-Konzentration in der Atmosphäre war jahrtausendelang praktisch konstant und steigt erst an, seit wir Menschen diesem System riesige Mengen an zusätzlichem CO_2 aus fossilen Lagerstätten (Öl, Gas und Kohle) zuführen. Diese von uns verursachten Emissionen machen zwar tatsächlich nur die oben genannten drei Prozent aus – dabei handelt es sich jedoch um Milliarden Tonnen Kohlendioxid, die dem eigentlich stabilen Kohlenstoffkreislauf zusätzlich hinzugefügt werden.

Es sind, wie bereits beschrieben, genau solche progressiven und sich potenzierenden Effekte, die wir uns kaum vorstellen können. Und dennoch sollten wir uns angesichts der größten Herausforderung, der sich die Menschheit je stellen musste, versuchen, all unsere Vorstellungskraft zu mobilisieren, um den Klimawandel zu stoppen. Und dazu sollten wir uns die Worte Albert Einsteins zum Vorbild nehmen, der sagte: „Vorstellungskraft ist wichtiger als Wissen."

Mit „Kippelemente“ und auch „Kippeffekte“ („Tipping Points“) bezeichnet man Bestandteile des Erdsystems von überregionaler Größe, die ein Schwellenverhalten in Bezug auf das Klima aufweisen. Anders gesagt bedeutet dies, dass sie, sofern sie schon nahe an einem Schwellenwert operieren, bereits durch kleine externe Beeinflussung in einen qualitativ neuen Zustand versetzt werden können.

Man kann es anhand des menschlichen Körpers vergleichen. So könnten Organe als Kippelemente beschrieben werden. Diese verändern ihre gewohnte Funktionsweise drastisch oder stellen diese gar ein, sobald bestimmte Voraussetzungen, wie zum Beispiel die Sauerstoffzufuhr, nicht mehr in ausreichendem Maße erfüllt sind.

Dem Schwellenverhalten im Erdsystem liegen oft selbstverstärkende Prozesse zugrunde, die – einmal angestoßen – auch ohne weiteren externen Einfluss weiterlaufen. Dadurch kann es passieren, dass der neue Zustand eines Kippelementes erhalten bleibt, selbst wenn der Auslöser wieder hinter den Schwellenwert zurückfällt. Die Änderung nach dem Überschreiten eines systemspezifischen Kipppunktes kann dabei sprunghaft, aber auch kriechend erfolgen. Die Umweltauswirkungen sind drastisch und könnten die Lebensgrundlagen der menschlichen Spezies vernichten.

Progressive Effekte kann man auch als *epidemische Effekte* oder *Selbstläufer* bezeichnen. Ein Virus zum Beispiel kann sich exponentiell in einer Population verbreiten, indem er zunächst einen

Menschen infiziert, dieser Mensch dann zwei weitere ansteckt, diese zwei dann vier weitere, dann acht und so weiter – eine klassische exponentielle Potenzierung. Heutzutage kennt man den Begriff „viral“ u. a. aus den Social-Media-Plattformen, wenn zum Beispiel ein Videoclip oder eine Botschaft bekannt wird, indem diese immer wieder und von weiteren Nutzern geteilt wird und sich so quasi exponentiell verbreitet. Es gibt jedoch ein sehr schönes und eindrückliches Beispiel, um solche exponentielle Potenzierungseffekte vielleicht noch besser zu veranschaulichen:

Nimm ein Blatt Papier zur Hand. Ein ganz übliches A4-Kopierpapier. Falte das Blatt einmal. Dann nochmal falten. Falte es so oft, wie es geht. Das geht mit einem A4-Blatt etwa sechs- bis siebenmal. Das Papier bzw. der Stapel wird bei jedem Mal Falten etwas dicker bzw. höher. Nun stell dir Folgendes vor, während du das gefaltete A4-Blatt zwischen den Fingern hältst: Stell dir in Gedanken ein Blatt Papier vor, das groß genug ist, sodass du es fünfzigmal falten kannst.

Frage: Wie hoch, schätzt du, würde der Stapel nun nach fünfzigmal Falten sein?

Die meisten Menschen gehen davon aus, dass der Stapel vielleicht zehn Zentimeter oder etwa einen Meter hoch sein wird. Die etwas Mutigeren schätzen, dass der Stapel maximal so hoch wie ein Kühlschrank sein würde. Aber alles falsch: Praktisch niemand nimmt auch bloß im Entferntesten an, dass der Stapel nach fünfzig Faltungen fast so hoch sein wird wie die Distanz der Erde zur Sonne!

Zusatzfrage: Wie hoch wäre derselbe Stapel nach 51-mal falten?

Antwort: doppelt so hoch – also: Erde–Sonne–Erde!

(Das kannst du übrigens ganz einfach ausrechnen: Ein handelsübliches Blatt Kopierpapier ist etwa 0,1 mm dick. Bei jedem Mal, wenn du das Blatt faltest, verdoppelt sich die Dicke bzw. die Höhe des Stapels. Nach fünfzigmal Falten ergibt sich mathematisch folgende Formel: 0,1 mm × 2 hoch 50 = etwa 112,6 Millionen Kilometer.)

Dieses kleine Experiment verdeutlicht eindrücklich, wie unsere Vorstellungskraft bei progressiven und sich potenzierenden Systemen versagt. Anders gesagt: Schon die relativ kleine Menge an CO_2 von etwa drei Prozent, die der Mensch seit der Verbrennung fossiler Brennstoffe in unsere Atmosphäre geblasen hat – und es weiterhin ungebremst tut –, kann unser Klima und damit unsere Erde bereits in wenigen Jahren in eine unkontrollierbare und nicht mehr rückgängig machbare Katastrophe stürzen und buchstäblich unbewohnbar machen.

Wenn sich die Erde überhitzt

Wann das Klima unserer Erde kippen wird, weiß niemand so genau. Wir wissen nicht ganz exakt, ab welcher durchschnittlichen Temperaturzunahme zum Beispiel der Eisschild auf Grönland verschwindet, wir wissen nicht präzise, ab welcher Erwärmung das Ökosystem des Amazonas-Regenwalds komplett zusammenbrechen könnte, weil die Niederschläge ausbleiben. Wir wissen nicht genau, ab welchem Punkt das Golfstromsystem im Nordatlantik kippen könnte. Bei einem Punkt sind sich allerdings praktisch alle Wissenschaftler dieser Welt einige: Jeder der genannten Punkte wäre eine absolute Katastrophe von unvorstellbaren Ausmaßen für die Bewohnbarkeit unseres Planeten.

Die Erde hat sich im Verlauf ihrer Geschichte immer wieder erwärmt und auch wieder abgekühlt – dies ist eine wissenschaftliche Gewissheit. In den letzten Jahren und Jahrzehnten hat sich die Erderwärmung jedoch ungewöhnlich stark beschleunigt. Auch dies ist ein wissenschaftlicher Fakt. Die absolute Mehrheit aller Wissenschaftler und wissenschaftlicher Studien und Messungen geht davon aus, dass die jetzige Erderwärmung menschgemacht ist. Anders gesagt: Der vom Menschen erzeugte Ausstoß des Treibhausgases CO_2, also Kohlendioxid, ist die Ursache, weshalb sich die Erde immer stärker und immer schneller aufheizt. Und der Mensch bringt CO_2 hauptsächlich durch die Verbrennung fossiler Brennstoffe wie Öl, Benzin, Diesel, Kohle und Gas in die Atmosphäre.

Die Konzentration des für unser Klima schädlichen CO_2 wird, unter anderem, seit den 1950er Jahren von US-Wissenschaftlern auf dem *Mauna Loa Observatorium* in Hawaii gemessen. Der CO_2-Gehalt in unserer Atmosphäre wird mit der Maßeinheit *ppm* (parts per million) angegeben. Im Mai 2019 erreichte dieser Wert mit einer Konzentration von über 415 CO_2-Teilchen pro Million Teilchen Luft einen absolut neuen, beunruhigenden Höchstwert seit Messbeginn.

Was ein unproblematischer CO_2-Wert in der Atmosphäre wäre, gilt als umstritten. Einig sind sich Wissenschaftler, dass ein Niveau von 350 Teilchen pro Million die Erderwärmung eindämmen würde.

Zur Erinnerung: Seit Messbeginn vor etwa 70 Jahren steigt die CO_2-Konzentration in unserer Atmosphäre kontinuierlich an. Was noch alarmierender ist: Der Anstieg des CO_2-Gehalts in der Atmosphäre hat sich in den letzten Jahren beschleunigt.

Erst kürzlich wurde bekannt, dass Wissenschaftler des US-Ölgiganten Exxon bereits 1982, also vor fast 40 Jahren, feststellten, wie schädlich fossile Brennstoffe wie Öl für unser Klima sein werden: Sowohl beim Temperaturanstieg als auch beim CO_2-Anstieg lagen die Exxon-Forscher richtig. Ihre Prognosen trafen fast haargenau so ein wie vorausgesagt, wie kürzlich veröffentlichte Dokumente belegen. Allerdings wurde den Firmenwissenschaftlern von Exxon von ihrem Management verboten, die genannten

Prognosen bekannt zu machen. Schlimmer noch: Exxon (und wahrscheinlich auch andere Energiekonzerne) stritten solch einen Zusammenhang bis vor Kurzem vehement ab.

Nebst der sehr korrekten Voraussage der Exxon-Wissenschaftler, dass das CO_2 die Erderwärmung steigern würde und damit den Klimawandel befördere, prognostizierten dieselben Wissenschaftler, dass sich dadurch die Niederschlagsmenge dramatisch verändern würde und die Polkappen des arktischen Eises schmelzen würden.

Zwei Grad Erderwärmung galten früher als Schwelle zur Katastrophe. Es könnten aber auch *1,5 Grad* sein – so ganz genau wissen wir das auch heute noch nicht. Doch alle seriösen Wissenschaftler und Studien weltweit gehen davon aus, dass ab 1,5 bis 2 Grad Erderwärmung eine Eigendynamik einsetzt, die vom Menschen nicht mehr beeinflusst werden kann. Ab diesem Wert nimmt man an, dass die Erderwärmung nicht mehr zu stoppen sein wird. Anders gesagt: Ab 1,5 bis 2 Grad Erderwärmung erreichen wir einen Kipppunkt, ab dem die Entwicklung sich verselbstständigt und die Erde sich immer weiter aufheizen wird – irreversibel, unumkehrbar, nicht mehr rückgängig zu machen.

Nochmals: Zurzeit stehen wir bei einen Grad Erderwärmung! Wissenschaftler haben berechnet, dass uns noch etwa *acht bis zehn Jahre Zeit* bleiben, bis wir beim jetzigen CO_2-Ausstoß 1,5 Grad Erderwärmung erreichen. Anders gesagt: Wenn wir die nächsten acht bis zehn Jahre genau so viel CO_2 in die Atmosphäre blasen, wie wir es heute tun, dürften wir danach absolut kein einziges Gramm CO_2 mehr ausstoßen.

Das heißt: Wir, die Menschheit, du und ich, haben es in den nächsten acht bis zehn Jahren noch in unseren eigenen Händen, unser Schicksal zu bestimmen – danach nicht mehr!

Zwei Grad Erderwärmung ist gemäß den Pariser Klimaabkommen unser Ziel. Das ist im Prinzip also schon zu viel, und dennoch geben uns Experten nur geringe Chancen, wenigstens das zu erreichen. Schon heute hat man wissenschaftlich fundierte Beweise, dass sich die Erderwärmung bereits zwischen 1998 und 2018, in einer lächerlich kurzen Zeitspanne von 20 Jahren also, mehr als doppelt so schnell entwickelt hat, als Wissenschaftler bislang angenommen hatten.

Der Ausschuss der Vereinten Nationen für Klimaänderungen gibt Berichte heraus, die oft als „Goldstandard" der Klimaforschung bezeichnet werden. Der neuste dieser Berichte prognostiziert, dass wir bis Ende dieses Jahrhunderts *vier Grad Erwärmung* erreichen werden, sollten wir den derzeitigen CO_2-Ausstoß beibehalten.

Aber das ist nur eine mittlere Projektion dessen, was geschehen kann. Am oberen Ende dieser Wahrscheinlichkeitskurve liegt die Erderwärmung bei bis zu acht Grad – was bei 8 Grad Erwärmung alles geschehen könnte, ist schlichtweg unvorstellbar.

Doch es könnte noch schlimmer kommen.

Viel schlimmer!

Ich bin, wie schon erwähnt, zwar erst 18 Jahre alt, aber dennoch habe ich mich schon früh in meinem Leben für den Weltraum und das unendliche Nichts da draußen interessiert und stieß bald auf die Bücher von Stephen Hawking. Stephen Hawking war ein genialer Astrophysiker und der wohl einflussreichste Physiker seit Albert Einstein. Ich war fasziniert von seinem Intellekt und der Weise, wie er die unbegreiflichen Fragen des Lebens versuchte zu beantworten. Fragen, die uns seit Jahrtausenden beschäftigen, Fragen, deren Antworten wir vielleicht nie begreifen werden, weil sie so unfassbar sind, dass sie die kühnsten Vorstellungen der intelligentesten Menschen übertreffen. Sie sprengen unsere Alltagswirklichkeit, unseren Alltagsverstand.

Trotz dieser Tatsache habe ich nie an Stephen Hawkings Ansätzen gezweifelt, weil sie für mich die wohl interessantesten Lösungsansätze waren, die ich je gelesen hatte, und den Antworten der großen Fragen am nächsten kamen. Kurz vor seinem Tod im Jahre 2018 sagte der Astrophysiker, dass wir Menschen uns einen neuen Planeten suchen müssten, um zu überleben, er schätzte, dass unsere blaue Heimat noch etwa 100 Jahre „halten" würde, bis sie unbewohnbar wird. Obwohl der Gedanke, neue Planeten und Sonnensysteme zu entdecken, faszinierend klingt, hoffe ich doch, dass es niemals so weit kommen wird, dass die Menschheit diesen Schritt gezwungenermaßen wagen muss. Denn es wäre kein cooles Science-Fiction-Abenteuer, mit epischer Musik hinterlegt, während die Helden in ein Space-Shuttle steigen, sondern es wäre ein Schritt, den viele von uns nicht überleben würden, und genau das muss uns klar werden.

Denk darüber nach: Falls wir je dazu gezwungen wären, den Planten zu verlassen, so würde, wenn überhaupt, nur ein Bruchteil der Menschheit in Sicherheit gelangen, und ich wage zu behaupten, dass das nicht du und ich, sondern wenige Privilegierte sein würden. Der Rest von uns bliebe auf einem verwüsteten, ausgehöhlten Planeten zurück und würde sich um die letzten Ressourcen streiten.

Was würde das für uns und unsere Kinder bedeuten? Wollen wir das wirklich?

Wenn du dies nun liest, denkst du dir sicher, dass der Mensch schon viele Umbrüche und Veränderungen miterlebt und vor allem überlebt hat und dass ich keine Ahnung davon habe, weil ich noch jung bin.

Doch ich möchte an dieser Stelle darauf hinweisen, dass unser gesamtes Ökosystem ein unglaublich präziser und empfindlicher Superorganismus ist, der schon auf geringste Schwankungen reagiert. Uns mögen zwei Grad als wenig erscheinen, doch für das Ökosystem sind das gravierende Temperaturschwankungen. Die Jahre 2015 bis 2018 waren die wärmsten Jahre seit Beginn der Messungen im 19. Jahrhundert. Wie es aber ausschaut, wird sich diese Tendenz in den kommenden Jahren noch verstärken, und deshalb müssen wir heute und umgehend handeln.

Es stimmt, der Mensch hat in seiner Geschichte schon einige Veränderungen miterlebt und hat sich entwickelt, doch vielleicht liegt unsere nächste Entwicklung nicht darin, uns an eine zerstörte Erde zu gewöhnen, sondern einen Weg zu finden, sie zu retten. Ich spreche also nicht von einer körperlichen Evolution, sondern vielmehr von einer geistigen und sozialen. Für den Moment steht nicht an erster Stelle herauszufinden, was unsere Aufgabe in diesem unendlichen Raum ist, sondern wir sollten alles daransetzen, unsere Mutter, die Erde, zu erhalten, denn genau das ist unsere Pflicht, die wir gegenüber der nächsten Generation und all jenen, die danach kommen werden, zu erfüllen haben. Das wird unsere Aufgabe sein. Dies sollte und muss unsere allererste Priorität sein. Ich kann mir beim besten Willen nicht vorstellen, was wichtiger sein sollte, als dass wir unseren Planeten für uns selbst und für Nachkommen bewohnbar halten.

Wenn das ewige Eis schmilzt

Bis vor Kurzem war der *Permafrost* oder Dauerfrostboden selbst für die Klimawissenschaftler kein großes Problem. Denn wie der Name schon sagt, ist es der Boden, der immer gefroren bleibt – so dachten bis vor Kurzem alle.

Aber der arktische Permafrost – oder eben das „ewige Eis“ – enthält 1,8 Billionen (= 1.800 Milliarden = 1,8 × 10 hoch 12) Tonnen Kohlenstoff, mehr als doppelt so viel, wie derzeit in der Erdatmosphäre schwebt. Wenn es auftaut und freigesetzt wird, kann dieser Kohlenstoff zu Methan verdunsten. Und Methan ist bis zu 86-mal klimaschädlicher als das Treibhausgas Kohlendioxid. Anders gesagt: Im arktischen Permafrost befindet sich heute doppelt so viel Kohlenstoff im Eis gefangen wie derzeit in der Atmosphäre unseres Planeten. Und falls dieser im Eis eingeschlossene Kohlenstoff freigesetzt würde, und dies noch in einem kurzen Zeitraum von wenigen Jahren, wird sich die Erderwärmung schlagartig weiter steigern – potenzieren, wie schon dargestellt. Eine exponentielle Beschleunigung der Erderwärmung, wie man sie nicht für möglich halten würde. Ebenso habe ich oben bereits beschrieben, dass dies ein weiterer Kipppunkt ist, der, wenn er erreicht oder eben überschritten wird, eine Kettenreaktion in Gang setzt, die unumkehrbar ist – ähnlich dem einer nuklearen Kettenreaktion, die natürlich auch nicht aufzuhalten ist.

Und hierbei sind die *Multiplikationseffekte* einer Permafrostschmelze noch nicht einmal vollumfänglich berücksichtigt. Die Uno-Berichte berücksichtigen auch nicht vollständig den *Albedo-Effekt*: Schnee und Eis reflektieren einen hohen Anteil der Sonnenstrahlen zurück ins Weltall. Schmilzt hingegen eine mit Schnee oder Eis bedeckte Oberfläche, wird die darunter liegende Oberfläche, meist Wasser oder Gestein, freigelegt, und da die freigelegte Fläche meist dunkler ist, reflektiert diese nun deutlich weniger Sonnenstrahlung und heizt sich infolgedessen auf. Was nichts anderes bedeutet, als dass ein sogenannter Eis-Albedo-Rückkopplungseffekt entsteht: Durch ein vermehrtes Abschmelzen des arktischen Eises wird deutlich mehr Wärme aufgenommen und durch den entsprechend wärmeren Ozean bzw. wärmere Landmassen schmilz jetzt das Eis nicht nur durch die Sonneneinstrahlung, sondern auch vermehrt aufgrund der wärmeren Umgebung – ein Teufelskreis also.

Und auch die Rodung von Wäldern und anderen Pflanzen, die Kohlenstoff aus der Atmosphäre extrahieren, ist in diesem Szenario kaum berücksichtigt. Jedes dieser Elemente beschleunigt die Erwärmung. Die Geschichte unseres Planeten zeigt, dass sich die Temperatur innerhalb von dreizehn Jahren um bis zu fünf Grad Celsius erhöhen kann. So geschehen vor 252 Millionen Jahren, was dazu führte, dass in der Folge 97 Prozent allen Lebens auf der Erde ausgelöscht wurde. Zur Erinnerung: Ein weiterer Effekt jener Erwärmung war, dass der Pegel der Ozeane Hunderte von Metern höher stieg, als dies heute der Fall ist!

Es gibt Keime, die im arktischen Eis konserviert sind, aber seit Millionen von Jahren nicht mehr in der Luft zirkulieren. Das bedeutet, dass unser Immunsystem diese Krankheitserreger nicht erkennen würde, falls prähistorische Plagen aus dem Eis auftauen und Menschen infiziert würden. Wissenschaftler vermuten, dass auch Pocken und die Beulenpest im sibirischen Eis gefangen sind. NASA Forscher konnten nachweisen, dass solche Bakterien und Viren selbst nach Tausenden von Jahren wieder aus ihrem Tiefkühlschlaf erwachen können. Und es ist nicht unwahrscheinlich, dass einige dieser potenziell für uns gefährlichen Keime selbst nach Jahrmillionen zu leben beginnen, wenn sie das schmelzende Eis aus ihrer gefrorenen Gruft befreit.

Und Fakt ist: Jedes Hin- und Rückflugticket von Europa nach New York kostet weitere drei bis fünf Quadratmeter arktischen Eises. Dies gilt für jeden einzelnen Passagier eines solchen Fluges! Diesen schockierenden Befund haben die Forscher Dirk Notz vom Max-Planck-Institut für Meteorologie in Hamburg und Julienne Stroeve vom National Snow and Ice Data Center in Boulder / Colorado errechnet und in einer Studie im Science Magazine im November 2016 veröffentlicht.

Ich habe Geschichte immer sehr gemocht. Nicht nur, weil es ein Stück weit ein Teil meiner Geschichte als Mensch ist, sondern weil all die Geschichten unserer Vorfahren von Generation zu Generation weitererzählt wurden, sodass sie unsterblich wurden. Und in jeder Generation gab es herausragende Individuen, die uns den Weg zeigten, die Opfer brachten und kämpften, um die Menschheit genau an diesen Punkt zu bringen.

„Es war eine Zeit der Umbrüche" – diesen Satz hört man sehr oft im Geschichtsunterricht. Ich denke oft darüber nach, was ich meinen Kindern später einmal über „früher" erzählen werde, und ich komme nicht umhin, darüber nachzudenken, dass ich auch in einer Zeit der Umbrüche aufwuchs. Wir befinden uns in Zeiten, in denen sich viel auf der Welt verändert und in denen wir nicht wissen, wie diese Veränderungen sich auf das Morgen auswirken werden. Das erste Mal seit vielen Jahren befinden wir uns in einer Situation, über die wir nicht viel in Büchern nachlesen können, weil sie so noch nie aufgetreten ist. Für einige mag das beängstigend sein, doch ich glaube, dass Angst einerseits ansteckend und andererseits lähmend ist und uns nicht weiterbringen wird, wenn wir die Erde retten wollen.

Nein, ich glaube vielmehr, dass dieser Punkt, an dem wir uns nun befinden, ein Gabelpunkt ist, an dem die Vergangenheit, die Gegenwart und die Zukunft zusammenlaufen.

Wir sind an einer Schnittstelle, an der wir einerseits zu unseren Vorfahren und deren Geschichten zurückblicken und andererseits zu unseren Nachkommen nach vorne spähen, um in der Gegenwart zu handeln und die Existenz jener, die nach uns kommen, zu gewährleisten. In meinem Falle denke ich da ganz spontan an meine noch ungeborenen Kinder und Enkel, die ich, so hoffe ich, dereinst haben werde.

Genauso sind wir an einem Punkt angelangt, an dem wir maßlos geworden sind. In den letzten zwei Jahrhunderten haben wir un-

ser Wirtschaftssystem so massiv aufgebaut, folgen wir dem Profit so blind, dass wir alles andere ausblenden. Wir produzieren und konsumieren Güter und Dienstleistungen in unvorstellbaren Mengen, wir weiden die Erde aus wie ein hungriges Raubtier seine Beute. Und letztlich schaden wir damit nur uns selbst.

Wenn es keine Bienen mehr gibt, keine Blumen, kein Gemüse, kein Getreide, dann haben wir unsere Lebensgrundlage verloren.

Lasst uns den Mut und die Entschlossenheit haben, jetzt das Richtige zu tun, denn wenn ich dereinst meinen Enkeln von dieser Zeit der Umbrüche erzähle, dann will ich ihnen nicht erklären müssen, dass wir die Chance hatten, etwas zu verändern und es vermasselt haben, sondern ich will ihnen erzählen, dass wir es geschafft haben, die Erde zu retten, weil wir daran glaubten. Jetzt ist die Zeit der Umbrüche, jetzt müssen wir unseren Lebensstil und unser gesamtes Denken so verändern, dass die Erde noch viele Jahrhunderte, nein, Jahrtausende überlebt und weiterhin die Heimat aller Menschen sein kann.

Erlaube mir an dieser Stelle ein Zitat von Martin Luther King: „Das ultimative Maß eines Menschen ist nicht, wo er in Momenten des Komforts und der Bequemlichkeit steht, sondern wo er in Zeiten der Herausforderung und Kontroverse steht."

Wenn es keine Bäume und Wälder mehr gibt

Der Amazonas-Regenwald ist sechs Millionen Quadratkilometer groß. Das ist fast 20-mal so groß wie Deutschland oder Italien oder fast so groß wie ganz Australien. Nochmals anders gesagt, der Amazonas-Regenwald ist anderthalb mal so groß wie die gesamte Europäische Union! Dieser Regenwald umfasst mehr als die Hälfte des weltweit verbliebenen Tropenwaldes und weist die größte Biodiversität aller tropischen Wälder auf. Man nennt den Amazonas-Regenwald auch die „grüne Lunge der Erde", denn er speichert geschätzte 80 bis 120 Milliarden Tonnen Kohlenstoff.

Jedem muss klar sein, was passiert, wenn man den Amazonas-Regenwald, der über Jahrmillionen entstanden ist, unkontrolliert abholzt: Statt weiterhin CO2 aufzunehmen und Sauerstoff abzugeben, werden 120 Milliarden Tonnen Kohlenstoff in die Atmosphäre entlassen. Dies beschleunigt die Erderwärmung noch mehr, heizt die Erde zusätzlich auf. Und wie wenn dies nicht schon schlimm genug wäre, nehmen dadurch die Niederschläge dramatisch ab. Es sind ja keine Bäume mehr da, die für das Niederschlagssystem notwendig sind. Und in der Folge bricht das ökologische System des mächtigen Amazonas zusammen und ein tödlicher Kreislauf wird in Gang gesetzt, den wir, wenn erst einmal eine gewisse Grenze überschritten sein wird, nicht mehr stoppen können!

Das klingt jetzt vielleicht alles sehr schlimm – aber glaub mir, es ist tatsächlich sogar weit schlimmer, als du es dir vorstellen kannst. Alleine in den vergangenen 45 Jahren wurden mit etwa 80 Millionen Hektar bereits knapp 20 Prozent des Regenwaldes komplett vernichtet – größtenteils illegal. Dies entspricht einer Fläche, die doppelt so groß ist wie Deutschland oder 18-mal der Fläche der ganzen Schweiz. Um es anders auszudrücken: In den vergangenen 45 Jahren wurden mehr als 530 Fußballfelder vernichtet – pro Stunde! Jede Minute werden also mehr als 2000 meist Jahrhunderte alte Bäume gefällt. Ein veritabler Massenmord.

Und es wird immer schlimmer: Weiterhin wird pro Jahr etwa die Fläche von einer Million Fußballfeldern abgeholzt. Nochmals: Jedes Jahr, Jahr für Jahr wird alleine im Amazonas-Regenwald, unserer „grünen Lunge", die Fläche abgeholzt und abgebrannt, die einer Million Fußballfeldern entspricht. Und dies sind die offiziellen Angaben der brasilianischen Regierung für das Jahr 2018. Andere Schätzungen gehen von einer vier- bis fünfmal größeren Fläche, die jährlich vernichtet wird, aus.

Im Jahr 2018 prognostizierte die Weltbank, dass bis 2025, also bis in wenigen Jahren von jetzt an, da ich diese Zeilen schreibe, etwa Dreiviertel des Amazonas-Regenwalds dauerhaft verloren sein wird und dass bis 2075 möglicherweise nur noch 5 % des Amazonas-Waldes übrig sein werden.

Wenn ich also 25 Jahre alt sein werde, wird der Amazonas-Regenwald nur noch 25 % seiner ursprünglichen Fläche haben, und wenn ich nicht einmal das Alter meiner Großmutter erreicht habe, so wird es den Amazonas kaum mehr geben.

Was für eine traurige Welt wäre das?

Ich würde mein ganzes Leben lang zusehen, wie einer der schönsten und faszinierendsten Orte dieser Erde, ein Ort, in dem Millionen Tiere und Pflanzen leben, zerstört würde, nur um unsere Geldgier zu befriedigen, die, wenn wir ganz ehrlich sind, nie befriedigt werden kann.

Wenn du die Menschheitsgeschichte vor deinen Augen Revue passieren lässt, siehst du eine Geschichte von Eroberung und Unterwerfung. Eine Geschichte geprägt von Gier, Macht und Ausbeutung. Egal wie viel Land der Mensch erobert hatte, egal wie viel Macht er schon hatte, es musste immer mehr davon sein. Nie trat der Mensch aus eigenen Stücken zurück und sagte: „Nein, ich denke, ich habe genug." Ich zumindest kann mich an keinen genannten Moment erinnern, weil der Mensch immer und unersättlich weitermacht, egal, wie viel schon in seinem Besitz ist.

Wir können des Menschen Vergangenheit nicht ändern, doch wir können unsere Zukunft bestimmen, indem wir unsere Gegenwart formen.

Und die Grundvoraussetzung dafür ist, dass wir unsere Art zu leben hinterfragen. Wenn du zum Beispiel das nächste Mal in den Supermarkt gehst und Soja oder Tofu kaufst, dann bitte ich dich, dich zu fragen, wo der Soja angebaut wurde und was der Anbau für Konsequenzen für die Umwelt hat. Es ist nicht das Ziel, dir ein schlechtes Gewissen zu machen, sondern ein kritischer und differenzierter Denker zu werden. Denn wir dürfen nicht alles einfach so hinnehmen, wie es ist. Und ja, ich weiß, es ist manchmal anstrengend und mühsam, alles zu hinterfragen und für das Richtige einzustehen. Selbst wenn die meisten es nicht tun, doch am Ende des Tages wird es sich gelohnt haben, zweimal nachgefragt zu haben.

Es war Immanuel Kant, der sein Zeitalter mit dem Satz: „Habe den Mut, dich deines eigenen Verstandes zu bedienen", geprägt hatte. Immanuel Kant war einer der führenden Aufklärer im 18. Jahrhundert. Er wuchs in einem Zeitalter auf, welches einige Ähnlichkeiten mit dem unseren aufweist. Die Menschen hinterfragten die Dinge nicht, sondern glaubten das, was schon geschrieben war. Die Aufklärer jedoch trieben das kritische Denken und die Wissbegierde an. Die Aufklärung wird deshalb auch das Zeitalter des Lichts genannt, denn ihre Vorsteher sahen sich als Individuen, die Licht ins Dunkle brachten und der Welt mit Verstand, Wissen und Neugierde begegneten. Die Aussage in Kants Satz ist nicht, dass du keinen Verstand hast, sondern dass man die Dinge nicht unbedacht hinnehmen muss, selbst wenn der Rest der Welt etwas anderes behauptet.

Wir leben in einer Zeit der Umbrüche, wir haben alle einen Verstand, der uns als Kerze dient, um ein neues Zeitalter des Lichts einzuleuchten und die Welt zu retten. Vergiss nicht, dass der Mensch ein Geschöpf ist, welches sich seit jeher den größten Herausforderungen stellte, die sich ihm in den Weg stellten, und sie jedes Mal aufs Neue gemeistert hat, weil er daran glaubte und weil das Verlieren gar nicht zur Debatte stand. Wir gehören der gleichen Spezies an, die die Renaissance einläutete, das Licht der Aufklärung entfachte und die für die Freiheit und Gleichheit aller Menschen einstand. Das bedeutet aber nicht, dass unsere Vorfahren nie auf Schwierigkeiten auf ihrem Weg getroffen sind. Nein, aber offenbar sahen sie trotz aller Schwierigkeiten das Licht am Horizont, gingen Schritt für Schritt nach vorne.

Jetzt ist es an uns, diesen einen neuen Sprung nach vorne zu wagen. Bevor wir dies jedoch tun können, müssen wir vielleicht einen kleinen Schritt zurücktreten. Dies heißt aber keinesfalls, dass man gesellschaftlich, intellektuell oder mental zurückfällt, dass man nicht nur das Offensichtliche vor sich sieht, sondern auch die verborgene Schönheit dahinter. Denn ich habe gelernt, dass man manchmal einen Schritt zurücktreten muss, um das ganze Bild zu erkennen. Wenn wir das können, dann werden wir alle ein erfülltes Leben führen und wir werden unsere Geschichte weitergeben. Das haben Abraham Lincoln, Mahatma Gandhi, Nelson Mandela und auch Martin Luther King schon erkannt – und es ist höchste Zeit, dass wir uns daran erinnern und es ihnen gleichtun.

Wenn das Meer stirbt

Wir sind drauf und dran, innert weniger Jahrzehnte das zu schaffen, was die Natur selbst so nie hinbekommen hätte: Den Ozean dermaßen zu vergiften und zuzumüllen, dass in wenigen Jahrzehnten Fische und sonstige Lebewesen darin tot sein werden.

Wer jetzt denkt, dass dies maßlos übertrieben sei, der kann alle Fakten in Hunderten oder gar Tausenden Studien und Forschungsberichten nachlesen – ein paar Klicks entfernt findet man alles, was dazu bis jetzt herausgefunden wurde.

Und Hinweise darauf hat es schon sehr früh gegeben, denn die Korallenriffe sterben bereits. Man nennt dies „Korallenbleiche", was fast schon poetisch und irgendwie harmlos klingt – ist es aber nicht. Denn diese elegante Umschreibung bedeutet nichts anderes, als dass die Korallen absterben. Und das ist eine sehr schlechte Nachricht, denn die Korallenriffe sind die Grundlage von bis zu einem Viertel des gesamten Meereslebens und liefern zudem direkt und indirekt Nahrung für Hunderte Millionen von Menschen. Doch auch dies scheint eine Mehrheit der Menschen wenig zu kümmern – zu weit weg, zu tief unter der Meeresoberfläche. Was ich nicht sehe, kümmert mich nicht.

Das ist aber noch nicht alles: Mehr als ein Drittel des Weltkohlenstoffs wird von den Ozeanen aufgenommen. Und das ist gut so, denn dadurch schwächen die Ozeane eine weitere Erwärmung der Atmosphäre ab. Doch dies geht nicht unbegrenzt, denn aufgrund dieser Aufnahme von Kohlenstoff versauern die Ozeane zunehmend. Chemisch ausgedrückt bedeutet dies, dass der pH-Wert sinkt. Und je stärker die Ozeane versauern, desto mehr werden Fische und andere Meereslebewesen direkt vergiftet.

Um dies zu veranschaulichen, kannst du dir Folgendes vorstellen: Wenn der pH-Wert des menschlichen Blutes so stark sinkt wie der pH-Wert der Ozeane in der vergangenen Generation, führt dies zu Muskelschmerzen, Müdigkeit, Krämpfen bis hin zu einem Koma und dem plötzlichen Tod.

Das ist nicht alles, was die Versauerung der Ozeane bewirken kann. Die Kohlenstoffabsorption kann einen Rückkopplungskreislauf auslösen, in dem unterversorgte Gewässer verschiedene Arten von Mikroben hervorbringen, die das Wasser noch „anoxischer“ machen. Dies beginnt zuerst in den Meerestiefen, weit unten im Meer entstehen so veritable „Todeszonen“. Aber allmählich, zunächst ganz langsam, aber unaufhaltsam, dringen diese an die Oberfläche. Anoxisch bedeutet übrigens nichts anderes als sauerstofffrei – also für viele Lebewesen tödlich!

Zuerst sterben die kleinen Fische aus, weil sie nicht mehr atmen können, was bedeutet, dass sauerstofffressende Bakterien noch besser gedeihen, und dieser Rückkopplungskreislauf verdoppelt sich und potenziert sich – je länger, desto mehr –, sodass diese Todeszonen sich im Meer auszubreiten beginnen wie Krebs – wuchernden Tumoren gleich, die alles Meeresleben ersticken.

Wer nun denkt, dass dies alles noch in sehr weiter Zukunft liegt und uns demzufolge nicht zu kümmern braucht, der sollte sich bewusst sein, dass die beschriebenen Szenarien und Phänomene bereits heute sichtbar sind: im Golf von Mexiko oder an der Küste von Namibia zum Beispiel. Und wenn es in diesem Tempo so weitergeht, werden schon bald auch solch majestätische Wesen wie die Wale, die den Ozean seit Jahrmillionen bevölkert haben, ausgelöscht werden.

Schon beim berüchtigten großen Massensterben vor über 250 Millionen Jahren war es die Freisetzung von Schwefelwasserstoff, die alles vergiftete und 97 Prozent des gesamten Lebens auf der Erde auslöschte. Schwefelwasserstoff breitete sich aus, drang von den Tiefen der Ozeane an die Oberfläche, erstickte alles in einem unerträglichen Gestank von faulen Eiern. Schwefelwasserstoff ist übrigens so giftig, dass die Evolution unsere Nasen dermaßen empfindlich gemacht hat, sodass wir auch die kleinsten Spuren dieses Killergases riechen – selbst die winzigen Mengen einer Blähung, sprich Furzes, riecht jeder Mensch sofort. Damals, vor mehr als 250 Millionen Jahren, dauerte es Jahrmillionen, bis die Ozeane sich wieder erholt hatten. Überspitzt könnte man sagen, dass Schwefelwasserstoff das bevorzugte Gift von Mutter Erde ist, um eine „natürliche“ Ausrottung herbeizuführen.

Es stimmt mich unendlich traurig, dass wir einen der wohl schönsten Naturräume zerstören, welcher uns gegeben wurde. Eine Gewalt, die wunderschön anmutig und gleichzeitig in ihrer Macht beängsti-

gend wirkt. Eine Gewalt, die beruhigt und im selben Moment Kraft spendet. Die Ader des Lebens – das Meer.

Wieso zerstören wir die Ader des Lebens? Was hat sie uns getan?

Du denkst vielleicht, dass das übertrieben sentimental klingt, doch ich finde, dass man in dieser Hinsicht kaum übertreiben kann.

Ich gebe dir ein Beispiel von vielen: 86 Millionen Tonnen. Dies ist die geschätzte Menge an Plastikmüll, die wir bereits in die Ozeane geschmissen haben. 86 Millionen Tonnen – eine unvorstellbar große Zahl. Die Folge davon sind unzählige Meeresbewohner, die sich entweder in den Geisternetzen am Meeresgrund verfangen und langsam sterben oder sogenanntes Mikroplastik über die Nahrung aufnehmen und vergiftet werden. Durch den Fischkonsum gelangt dieses Mikroplastik jedoch auch in unseren Körper und kann dort zu Unfruchtbarkeit, Krebs und unzähligen weiteren Krankheiten führen.

Wir müssen mit dieser Verschmutzung der Meere aufhören!

Ich will nicht in einer Welt leben, in der ich mir Sorgen machen muss, krank zu werden, wenn ich einen Fisch verspeise. Ich möchte meinen Kindern später den Anblick von krepierenden Meeresschildkröten und verölten Pinguinen ersparen.

In diesem Zusammenhang erinnere ich wieder an das kritische Denken und an Kant. Das nächste Mal, wenn du in einem Supermarkt bist, dann überlege dir vielleicht zweimal, ob du wirklich eine Plastiktüte brauchst. Wenn du Ferien machen willst, dann denk darüber nach, ob es wirklich eine Kreuzfahrt sein muss oder nicht lieber ein abenteuerlicher Trip mit dem Zug. Was ich damit sagen möchte, ist, dass die Erde zu retten eng verflochten ist mit einem Reflektieren und Differenzieren. Tun wir das, dann wird uns auch endlich klarwerden, dass unsere Existenz an die der anderen Organismen dieses Planeten gebunden ist. Diese Koexistenz bedeutet, dass wir nicht nur auf uns achten müssen, um zu überleben, sondern auch auf unsere Umwelt. Denn erst, wenn wir verstehen, dass der alte und weise Chief Seattle recht hatte, als er sagte: „Die Erde gehört nicht den Menschen, der Mensch gehört zur Erde. Alles ist miteinander verbunden wie das Blut, das eine Familie vereint. Alles ist verbunden. Was die Erde befällt, befällt auch die Söhne der Erde. Der Mensch schuf nicht das Gewebe des Lebens, er ist darin nur eine Faser. Was immer ihr dem Gewebe antut, das tut ihr euch selber an." Erst wenn wir dies verinnerlicht haben, haben wir verstanden, was gerade vor sich geht.

Wenn die Arten sterben

Das *sechste Massensterben* hat bereits begonnen.

Laut einem Bericht des Weltbiodiversitätsrats (IPBES) der UNO sind eine Million Arten in den kommenden Jahren und Jahrzehnten vom Aussterben bedroht, wenn es zu keinen grundlegenden Änderungen bei der Landnutzung, beim Umweltschutz und der Eindämmung des Klimawandels kommt.

„*Die globale Rate des Artensterbens ist mindestens um den Faktor zehn bis Hunderte Male höher als im Durchschnitt der vergangenen zehn Millionen Jahre, und sie wächst*“, heißt es in dem Bericht.

Zur Erinnerung: Das berüchtigtste Massensterben fand vor 252 Millionen Jahren statt; es begann, als Kohlenstoff den Planeten um fünf Grad erwärmte, beschleunigte sich, als diese Erwärmung die Freisetzung von Methan in der Arktis auslöste, und löschte dadurch 97 Prozent allen Lebens auf der Erde aus.

Diesmal ist das Massensterben jedoch menschgemacht.

Die unglaubliche und maßlose Ausbeutung der Erde durch den Menschen wird letztlich in unserer eigenen Ausrottung enden, doch niemanden scheint das wirklich zu kümmern, denn wir machen immer weiter so, als gäbe es kein Morgen und ganz nach dem Motto „Nach mir die Sintflut!“.

Es ist wohl die größte Bürde, die die heutige Jugend zu tragen hat: sich über ihre Zukunft Gedanken machen zu müssen. Du wirst jetzt vielleicht sagen: Das war schon immer so. Ja, dem würde ich zustimmen. Bestimmt haben sich Jugendliche in meinem Alter schon immer Gedanken um die Zukunft gemacht: Welchen Beruf möchte ich einst ergreifen? Werde ich einmal Kinder und Familie haben? Werde ich etwas von der Welt sehen? Habe ich genügend Geld, ein Haus und Glück? Gewiss, all diese Dinge und Fragen gehören zum Erwachsenwerden.

Aber ich bin überzeugt davon, dass noch keine Generation vor uns sich darüber Gedanken machen musste, ob die Welt in Zukunft überhaupt noch bewohnbar sein wird! Befürchten zu müssen, dass sich die Welt, wie wir sie kennen, grundlegend verändern wird. Angst um seine noch ungeborenen Kinder haben zu müssen. Und dies alles, weil die Generation, die heute das Sagen hat, weiterhin an einem erdzerstörerischen Kurs festhält, ganz so, als gäbe es kein Morgen.

Ich möchte nicht in einer Welt leben, in der es keine Eisbären mehr gibt. Ich möchte nicht mitansehen müssen, wie die letzte Biene verendet und die letzte Blume verwelkt. Ich wünsche uns allen eine Zukunft auf einer bewohnbaren Erde.

An diesem Punkt kommt mir ein Satz in den Sinn, den mir eine Freundin in meinem Alter im Zusammenhang mit dem Klimawandel gesagt hatte: „Aber ich habe auch das Recht, jung zu sein. Ich habe auch das Recht, die Welt zu erkunden", sagte sie betroffen.

Dieser Satz hat mich sehr zum Nachdenken angeregt, denn sie hat recht. Wir alle haben das Recht zu leben, zu reisen, jung zu sein, glücklich. Doch ich glaube, dass unsere Nachkommen dasselbe Recht haben sollten und wir dafür einstehen sollten, dass sie es bekommen. Denn jung und glücklich zu sein, bedeutet nicht, alle Ressourcen der Erde zu verbrauchen, es bedeutet nicht, jeden Monat oder gar jedes Wochenende einen Kurztrip mit dem Flugzeug zu machen, bloß weil es lächerlich billig ist. Es gibt Flüge innerhalb Europas, die man für weniger als 10 Euro (!) buchen kann. Ein ganz normales Straßenbahnticket für die Stadt Zürich kostet in etwa gleich viel.

Wir müssen aufhören, nur an uns zu denken, denn ich bin fest davon überzeugt, dass das nicht im Sinne der Menschheit ist. Wir geben unseren Kindern und Enkel das weiter, was uns wichtig ist. Eine bewohnbare Erde ist die Grundvoraussetzung für alles.

Wenn Hitze tötet

Eine Wärmekraftmaschine ist eine Maschine, die Wärme in mechanische Energie, also Arbeit, umwandelt. Wie jede Wärmekraftmaschine muss diese ständig abgekühlt werden, damit der Motor nicht überhitzt und die Maschine ihre Arbeit weiter und zuverlässig verrichten kann.

Letztlich sind auch wir Menschen, wie übrigens alle Säugetiere, im Prinzip nichts anderes als Wärmekraftmaschinen. Um zu überleben, muss der Mensch sich also ständig abkühlen. Hunde zum Beispiel tun dies, indem sie hecheln. Menschen schwitzen. Damit der Mensch sich jedoch abkühlen kann, muss die Umgebungstemperatur so niedrig sein, dass die Luft wie eine Art Kältemittel wirkt und der Haut Wärme entzieht, damit unser Motor, das Herz, weiter pumpen kann.

Bei 11 oder 12 Grad Erderwärmung würde mehr als die Hälfte der Weltbevölkerung, wie heute verteilt, an direkter Wärme sterben.

Bei sieben Grad Erwärmung wäre das Leben für große Teile des Äquatorialbandes des Planeten und vor allem für die Tropen, wo die Feuchtigkeit das Problem noch verschlimmert, unmöglich. Zum Beispiel in Dschungelregionen, wo die Luftfeuchtigkeit regelmäßig 90 Prozent übersteigt. Sich bloß draußen zu bewegen, wenn es über 40 Grad Celsius ist, wäre dann tödlich. Und dieser Effekt wäre schnell, sehr schnell sogar: Innerhalb weniger Stunden würde ein menschlicher Körper von innen und außen zu Tode gekocht werden.

Die meisten Menschen unterschätzen, was Hitze für den menschlichen Körper bedeuten kann, vielleicht weil wir Hitze und Sonne mit Urlaub, schönen Stränden, strahlend azurblauem Himmel und Dolcefarniente assoziieren. Doch Hitze kann sehr schnell fatal sein. Hitzestress tritt dann ein, wenn der Körper sich nicht mehr selbst genügend kühlen kann. Symptome wie extremes Schwitzen, Schwäche, Müdigkeit, Schwindel, Verwirrung, Übelkeit, Erbrechen, feuchtkalte Haut, Muskelkrämpfe und schnelle, flache Atmung sind Anzeichen von Hitzestress. In der Folge kann dies zu einem Hitzeschlag führen, der tödlich sein kann.

Forscher der Universität Georgia haben vor einigen Jahren die Wirkung von Hitze auf den menschlichen Körper untersucht, wenn man in einem abgestellten und nicht klimatisierten Automobil sitzt. Bei einer Außentemperatur von 35 Grad Celsius hatte sich der Innenraum des Autos bereits nach einer Viertelstunde auf über 46 Grad aufgeheizt für ein Kleinkind kann dies bereits lebenbedrohlich oder in manchen Fällen sogar tödlich sein. Dies schon bei 35 Grad Außentemperatur, und bei jedem Grad mehr erhöht sich die Gefahr des Hitzetodes innert weniger Minuten um Faktoren.

Bei sechs Grad Erwärmung würde der Hitzestress in New York City dem des heutigen Bahrain, einem der heißesten Orte der

Welt, übersteigen, und die Temperatur in Bahrain würde eine Hyperthermie, den Hitzetod, auch bei schlafenden Menschen auslösen. Und in der Tat wird die Hitzekrise im Nahen Osten und am Persischen Golf am dramatischsten sein. Das heißt, dass schon in wenigen Jahrzehnten der Hadsch, die Pilgerfahrt nach Mekka, für Millionen Muslime körperlich schlichtweg unmöglich wird.

Zur Erinnerung: Die Hitzegrenze für die permanente Bewohnbarkeit einer Gegend beträgt etwa durchschnittlich 35 Grad Celsius.

Aber auch Krankheiten, die uns heute in unseren Breiten nicht kümmern, weil sie irgendwo weit fernab unserer gemütlichen Stuben heimisch sind, sind im Begriff, im Gleichschritt mit der Hitze mitzuwandern. Plagen wie Dengue Fieber oder auch Malaria, die heute in kühleren Regionen unbekannt sind, machen sich auf, die Welt zu erobern, sich zu verlagern, sich anzupassen und – im schlimmsten Falle – zu Pandemien zu mutieren. Wer macht sich heute schon Sorgen um Malaria, wenn man in Bern, Paris, Berlin, London, New York oder Moskau wohnt? Aber die Tropen kriechen unaufhaltsam gen Norden und mit ihnen die Moskitos, deren tödliche Fracht, die Erreger, sich bei jedem Grad Temperaturanstieg zehnmal schneller vermehren. Es gibt Studien, die davon ausgehen, dass bereits 2050 5,2 Milliarden Menschen, also mehr als die Hälfte der Menschheit, von Malaria betroffen sein werden!

Und noch etwas sehr Beunruhigendes: Wissenschaftler haben herausgefunden, dass sich für jedes halbe Grad Erwärmung die Wahrscheinlichkeit eines bewaffneten Konflikts um zehn bis zwanzig Prozent erhöht. In der Folge wird es also Jahr für Jahr mehr Konflikte und Kriege geben. Im Jahr 2019 sind etwa 65 Millionen Menschen auf der Flucht vor Kriegen, Dürren und anderen Katastrophen. In einigen Jahren werden es an die 500 Millionen oder vielleicht sogar noch viel mehr Menschen sein, die auf der Flucht sind. Eine gigantische Armee von Menschen, die nichts mehr zu verlieren haben – alle unterwegs in die letzten Regionen und Orte dieser Erde, die vielleicht noch einigermaßen bewohnbar sein werden. Nach Europa, den Norden der USA, Kanada, Russland. Und die kann man dann nicht mehr einfach zurückschicken, denn die Länder, aus denen sie kommen, werden unbewohnbar sein.

Unsere Geschichte ist noch nicht zu Ende. Diese unglaubliche Geschichte der Menschheit endet nicht in Hitze, Krankheit und Flucht.

Diese Geschichte darf nicht so enden.

Seit jeher hat der Mensch Lösungen für seine Probleme gefunden. Er hat sich angepasst und weiterentwickelt. Und es gab immer Menschen, die für das Leben der Künftigen einstanden. Vergessen wir nicht, dass es unseren Vorfahren zu verdanken ist, dass wir leben, dass wir in den Häusern leben können, die wir schätzen, und dass wir das Gleiche unseren Kindern bieten können. Lassen wir deren Opfer nicht vergebens gewesen sein. In Hunderten von Jahren wer-

den sich Schriftsteller und Dichter, sofern diese Kunst nicht verloren gegangen ist, fragen, was damals in der Zeit der Umbrüche vor sich gegangen ist. Kinder werden ihren Eltern und Großeltern dieselbe Frage stellen und diese werden zurückblicken und sich an genau diesen Punkt erinnern, an dem jeder von uns eine Entscheidung für seine Nachkommen traf.

Wir haben die Feder, die die Geschichte der Menschheit weiterschreibt, in der Hand, wir müssen sie nur richtig ansetzen.

Ich frage mich und dich also: „Wie soll unsere Geschichte enden?"

Denn ich hoffe, nein, ich weiß: unsere Geschichte wird weitergehen.

Wenn uns die Nahrung ausgeht

Getreide war seit Menschengedenken das wichtigste aller Grundnahrungsmittel überhaupt. Und dennoch scheinen viele Menschen die Grundregeln, die jeder Bauer seit Jahrhunderten kannte, zu ignorieren: Für den Anbau von Getreide braucht es einerseits eine optimale Temperatur und andererseits fruchtbare Böden.

Das Problem mit der Erderwärmung ist gemäß langjährigen Erfahrungen und unzähligen Studien Folgendes: Jedes Grad Erderwärmung lässt die Getreideerträge um 10 bis 17 Prozent sinken. Das bedeutet, wenn der Planet am Ende des Jahrhunderts fünf Grad wärmer sein sollte, haben wir möglicherweise bis zu 50 Prozent mehr Menschen zu ernähren, aber 50 Prozent weniger Getreide zur Verfügung. Und bei den lebenswichtigen Proteinen wird es noch schlimmer sein, denn es braucht 16 Kalorien Getreide, um nur eine einzige Kalorie Hamburger-Fleisch herzustellen. Dasselbe Hamburger-Fleisch, das von einer geschlachteten Kuh stammt, die ihr Leben lang das Klima mit Methangasen belastet hat.

Man könnte nun annehmen, dass man die Anbauflächen für Getreide doch bloß ein paar Hundert oder Tausend Kilometer nach Norden verlagern bräuchte und schon sei das Problem gelöst. Ist es aber nicht, denn die Erträge an Orten wie dem entlegenen Kanada oder Russland sind durch die Qualität des Bodens begrenzt; es dauert viele Jahrhunderte, bis die Erde optimal fruchtbaren Boden produziert.

Die Dürre könnte ein noch größeres Problem werden als die Hitze selbst. Einige der ackerbaulichsten und fruchtbarsten Länder und Regionen der Welt könnten sich sehr schnell in Wüste verwandeln. Regen ist sehr schwer zu modellieren, doch die wissenschaftlichen Studien und Vorhersagen für die nächsten Jahrzehnte gehen grundsätzlich davon aus, dass, wenn wir die Erderwärmung nicht umgehend stoppen oder zumindest begrenzen können, fast überall dort, wo heute Lebensmittel produziert werden, beispiellose Dürre herrschen wird. Prognosen gehen davon aus, dass bis 2080 ganz Südeuropa in ständiger extremer Dürre sein wird – schlimmer als die amerikanische Prärie es je war. Noch schlimmer wird es den Irak und Syrien und einen Großteil des übrigen Nahen Ostens treffen. Und auch einige der am dichtesten besiedelten Teile Australiens, Afrikas und Südamerikas sowie die Brotkorbregionen Chinas. Keiner dieser Orte, die heute einen Großteil der Welternährung liefern, wird mehr eine zuverlässige Quelle für Nahrungsmittel sein.

Bereits heute leben wir nicht in einer Welt ohne Hunger. Nach den meisten Schätzungen liegt die Zahl der Unterernährten bei 800 Millionen Menschen weltweit. Aber das könnte erst der Anfang sein. Kaum auszudenken, was passiert, wenn auch nur ein Teil der Prognosen eintrifft: Der Kampf um Nahrung wird alles Dagewesene in den Schatten stellen.

Aber die Technokraten träumen weiter: von genetisch veränderten oder gar künstlichen Lebensmitteln, von irgendwas, das sich würde erfinden lassen, sodass alle Menschen zuverlässig zu ernähren wären. Doch die Zeit arbeitet gegen uns – und zwar in einer atemberaubenden Geschwindigkeit.

Die beste, wenn nicht einzige Chance, dies zu verhindern, ist es, die Emissionen umgehend dramatisch zu senken.

Ich habe das Gefühl, dass das Leben immer unnatürlicher wird. Wir leben in einer Welt, in der die globale Vernetzung und Digitalisierung immer bedeutender werden. Informationen gelangen in Sekundenschnelle um den Globus, Kommunikation ist einfacher als je zuvor. Ich denke, dass die Globalisierung und weltweite Vernetzung sehr viele Vorteile mit sich bringen und natürlich wirtschaftlich sehr erfolgreich sind, nichtsdestotrotz habe ich das Gefühl, dass wir zwar digital global vernetzt sind, der Klimawandel jedoch immer noch eine individuelle und in weiten Teilen der Erde nicht besprochene Materie ist. Doch genau dieses Thema ist doch das, was uns alle global verbindet, weil es jeden Menschen auf der Erde betrifft und weil wir aufeinander angewiesen sind, weil wir uns gegenseitig unterstützen und helfen müssen.

All die Konflikte, Kriege und all der Hass, die manche Länder gegen andere, manche Völkergruppen gegen andere hegen, werden nichtig sein, betrachtet man das globale Problem, welchem wir entgegensteuern. Wir gehören alle zur selben Spezies, wir haben dieselben Vorfahren. Wenn wir uns untereinander zerstreiten, werden wir es nicht schaffen, eine Lösung für dieses globale Problem zu finden. Wir müssen alle am selben Strang ziehen. Also sage ich, dass alle Konflikte begraben werden müssen. Denn was wichtig ist, ist die Erhaltung der Menschheit und die geht uns alle gleichermaßen an. Wir haben keine Zeit, uns zu streiten, diese Zeit haben wir schon lange nicht mehr. Wir müssen lernen zu vergeben und miteinander auszukommen, das wird der Schlüssel zum Erfolg sein.

Ich möchte nämlich nicht in einer Welt leben, in der ich meinen Kindern nicht mehr natürlich geerntetes Obst und Gemüse zu essen bieten kann, sondern auf genetisch gezüchtetes Laborgemüse angewiesen bin. Ich möchte nicht in einer Welt leben, in der mehr als die Hälfte der Erde krank ist, während aus der anderen Hälfte die Menschen in die letzten bewohnbaren Regionen flüchten.

Ich möchte meinen Kindern und deren Kindern einmal die Geschichte der Menschheit erzählen. Ich möchte ihnen von einer Spezies erzählen, die in der größten Krise der Menschengeschichte zusammenstand und all die Kriege und all den Hass aufgab, weil sie ihre Aufgabe erkannte. Ich möchte ihnen erzählen können, dass wir eine Weltnation wurden, die sich der Herausforderung stellte und sie meisterte, um unser Erbe an die künftigen Generationen weiterzugeben.

Wenn die Wirtschaft zusammenbricht

Wissenschaftler der Universität Berkeley in Kalifornien haben versucht zu berechnen, wie groß der Einfluss der Erderwärmung auf die globale Wirtschaft sein könnte. Es gibt viele Faktoren, die sich nicht genau berechnen oder vorausbestimmen lassen, und demzufolge sind solche Prognosen letztlich immer Annäherungen beziehungsweise Schätzungen. Dennoch kann man, gemäß dieser Studien, heute davon ausgehen, dass jedes Grad Erderwärmung die Weltwirtschaft schrumpfen lassen wird, denn je wärmer unser Planet wird, desto wahrscheinlicher wird es, dass sich die einzelnen Effekte – wie sinkende Getreideerträge, steigende Gewaltbereitschaft und daraus resultierende Konflikte und Kriege, steigende Meere, Ausrottung der Meereslebewesen, Abholzung der Regenwälder und vieles mehr – zu einem tödlichen Cocktail summieren werden, der über die Jahre und Jahrzehnte in einem veritablen Zusammenbruch kumulieren könnte.

Bis zum Ende dieses Jahrhunderts könnte gemäß den Studien der Universität Berkeley die Weltwirtschaft vielleicht nur noch halb so groß wie heute sein und nur noch die Hälfte dessen produzieren wie zu Beginn des 21. Jahrhunderts – bei möglicherweise doppelt so vielen Menschen, die dann auf dem Planeten leben werden. Was dies bedeuteten würde, kann man sich kaum ausmalen.

Möglicherweise haben wir die Grenzen des Wachstums schon vor Jahren, vielleicht schon vor Jahrzehnten erreicht – bloß dass wir es scheinbar nicht wahrhaben möchten, wollen oder können.

Auf die Frage, was den Menschen in seiner Geschichte so unglaublich erfolgreich gemacht hatte, haben wir schon am Anfang dieses Kapitels einen Teil der Antwort gefunden. Was jedoch auch einen wesentlichen Einfluss auf den Verlauf unserer Entwicklung gehabt hat, war unsere Anpassungsfähigkeit.

Das zeigt uns die Evolution. Aus dem homo habilis, dem „geschickten" Mensch, wurde der homo erectus, der „aufgerichtete" Mensch. Später entwickelte sich der homo sapiens neanderthalensis und noch ein wenig weiter später der homo sapiens sapiens. Homo sapiens bedeutet aus dem Lateinischen übersetzt „vernünftig". Deshalb nehme ich an, dass der moderne Mensch vernünftig sein muss.

Doch ist es wirklich vernünftig, das Wirtschaftssystem über den Schutz der Erde zu stellen?

Auf was ich hinausmöchte, ist, dass wir uns im Laufe der Evolution stets angepasst haben. Auch hier sei die „Rote-Königin-Theorie" abermals erwähnt: Man muss so schnell rennen, wie man nur kann, um überhaupt mithalten zu können. Genau das bedeutet Evolution.

Genauso bedeutet Evolution jedoch auch, dass man manchmal auf seinem Weg abbiegen und unbekanntes Terrain erforschen muss. Vielleicht steht der nächste Schritt der Evolution des Menschen vor uns, vielleicht wird der sehr vernünftige Mensch zum sehr, sehr vernünftigen Menschen oder zum „homo conscio", dem „bewussten"

Menschen. Einer neuen Spezies, die einen Weg findet, die Erde zu retten. Eine Spezies, die handelt und etwas bewirkt. Eine geistige Evolution des Menschen für den Menschen.

Wie viel es kosten würde

15 Billionen Dollar. So viel würde es einer Studie der Internationalen Agentur für Erneuerbare Energien (Irena) zufolge kosten, um die Welt bis zum Jahr 2050 weitgehend auf erneuerbare Energien umzustellen.

Das sind etwa 480 Milliarden Dollar pro Jahr. Weltweit. Mehr nicht.

Und woher nehmen wir das Geld?

Einer Studie des Internationalen Währungsfonds zufolge würde eine Besteuerung von CO_2-Emissionen in Höhe von 70 Dollar pro Tonne den G 20-Nationen eine Menge Geld einbringen: im Schnitt 1 bis 2,5 Prozent ihres Bruttoinlandsproduktes. Das wären, legt man das aktuelle G 20-Bruttoinlandsprodukt von 63 Billionen Dollar zugrunde, zwischen 630 Milliarden und 1,58 Billionen Dollar pro Jahr.

- Legen wir diese Zahlen noch einmal nebeneinander: 480 Milliarden Dollar pro Jahr bis 2050, um auf 86 Prozent erneuerbare Energien umzustellen, weltweit.
- Mindestens 630 Milliarden pro Jahr zusätzliche Einnahmen durch eine flächendeckende Besteuerung des CO_2-Ausstoßes mit 70 $/t, allein in den G 20-Ländern.

Diese Steuer wäre sogar noch niedrig angesetzt: Die realen Schäden, die eine Tonne CO_2 verursacht, liegen laut Umweltbundesamt in einer Größenordnung derzeit über 200 Dollar. Bei 70 Dollar pro Tonne würde Kohlestrom für ein Einfamilienhaus knapp zehn Euro pro Monat teurer. Ein Kilo Tiefkühlrindfleisch würde 80 oder 90 Cent mehr kosten, ein T-Shirt vielleicht 70 Cent und ein Hin- und Rückflug nach New York etwa 230 Euro mehr.

Wir könnten unser Klimaproblem schnell, elegant und global lösen, wenn wir nur wollten. Positive Nebeneffekte unter anderem: saubere Luft, leiser Straßenverkehr.

Selbstverständlich gäbe es bei diesem Übergang Verlierer: Öl- und Gaskonzerne, Kohlekraftwerke, Gaswerke, Teile der Automobilbranche etc.

Dennoch, das sollte es uns wert sein, denn Sonne, Wind, Erdwärme und Wasserkraft hat die Welt mehr als genug. Was wir Menschen angesichts der drohenden globalen Katastrophe nicht mehr haben, ist Zeit.

Zum Vergleich noch eine andere erschreckende Zahl: Weltweit wurde im Jahr die unglaubliche Summe von 1,7 Billionen Dollar fürs Militär verschwendet.

In Zahlen: 1.700.000.000.000 Dollar – pro Jahr! Tendenz steigend.

Die Zahlen stammen übrigens vom renommierten Internationalen Friedensforschungsinstitut Sipri in Stockholm.

Es gibt eine indianische Sage, welche mich immer sehr beeindruckt hat, weil deren Aussage so simpel verpackt und doch so aussagekräf-

tig und wahr ist, dass es berührt. In der Sage sitzt ein alter Indianerhäuptling mit seinem Enkelsohn am Lagerfeuer. Sie reden über das Leben und dessen Herausforderungen. Der alte Häuptling erklärt seinem Enkel, dass in jedem Menschen ein Kampf zwischen zwei Wölfen tobt. Er erklärt, dass der eine Wolf böse ist, denn er ist: Hass, Neid, Zorn, Eifersucht, falscher Stolz, Sorgen, Gier, Arroganz, Selbstmitleid, Lügen, Überheblichkeit, Egoismus und Missgunst. Der andere Wolf hingegen ist gut: Liebe, Freude, Frieden, Hoffnung, Gelassenheit, Güte, Demut, Mitgefühl, Großzügigkeit, Dankbarkeit, Vertrauen und Wahrheit.

Daraufhin fragt der Enkel seinen Großvater, welcher der beiden Wölfe den Kampf gewinnt, und der Häuptling antwortet: „Der, den du fütterst."

Hinter dieser wunderschönen Sage verbirgt sich eine Frage, die jeder von uns sich Tag für Tag aufs Neue stellen muss: „Welchen Wolf werde ich füttern?"

Wenn wir uns entscheiden, den guten Wolf zu füttern, dann bedingt das, dass wir dem Hass mit Liebe entgegentreten. Es bedingt, dass wir nicht in Verzweiflung, sondern in Hoffnung leben, dass wir an uns und an all jene, die noch kommen werden, glauben, dass wir ehrlich sind und uns vertrauen. Und dass wir uns nicht feindlich gegenüberstehen, sondern uns friedvoll die Hand reichen. Und wir müssen zuweilen einen Schritt zurücktreten, um Fehler einzusehen, uns zusammenzuraufen und dann zu handeln.

Um das besser verstehen zu können, werde ich das kurz anhand eines Gedankenspiels veranschaulichen: Stell dir vor, du würdest vor einem großen Gemälde stehen. Vor dir siehst du ein kleines Dorf, eingebettet in eine wunderschöne Berglandschaft. Du siehst genauer hin und entdeckst einen breiten Bachlauf, der sich durch die Hügellandschaft schlängelt, einen Adler, der an einer Felskante brütet, helle Sonnenstrahlen, die ihre goldenen Finger zwischen den Wolken über die Erde gleiten lassen.

Jetzt gehst du einen Schritt zurück und bemerkst, dass du nicht mehr nur das Dorf erkennen kannst, sondern sich dein Blickfeld erweitert hat: Jetzt kannst du nun nicht nur das Dorf am Bach, sondern das ganze Land erkennen. Du machst noch einen Schritt zurück und erkennst nun nicht nur das Land, sondern auch das Meer. Wieder einen Schritt weiter und du erkennst jetzt die ganze Erde. Noch einen Schritt zurück und noch einen und noch einen – und irgendwann wird dein Blickwinkel so groß sein, dass du das ganze Universum siehst und erkennst, dass alles zusammenhängt.

Was ich dir damit sagen möchte, ist, dass wir manchmal denken, das Ganze zu sehen, jedoch nur einen Ausschnitt erkennen. Manchmal muss man einen Schritt zurücktreten, um das Gesamtbild erkennen zu können. Es ist schwierig zurückzutreten, wenn man nach vorne pirschen will, glaube mir, das weiß ich. Und noch schwieriger ist es, das Ganze zu sehen. Sich vorzustellen, dass die Erde unbewohnbar wird, ja, das sprengt unser Vorstellungsvermögen. Doch wenn jeder von uns Schritt für Schritt zurücktritt und das ganze Gemälde betrachtet, dann werden wir das schaffen.

Wenn wir nur ein Drittel weniger in das Militär investieren würden, dann hätten wir genug Mittel, um das Klimaproblem zu lö-

sen – ein für alle Mal! Und dies global, für alle Menschen und alle kommenden Generationen.

Vielleicht wirst du jetzt denken, ich sei noch jung und naiv und glaube deshalb, dass dies geschehen wird. Das mag schon sein, dennoch hoffe und glaube ich fest daran, dass wir, die heutige Jugend und unsere Kinder dereinst zu Sinnen kommen werden und verstehen, dass alle „Verteidigungsausgaben" nichts nützen, wenn der Planet, auf dem wir alle leben, unbewohnbar sein wird.

Den guten Wolf zu füttern bedeutet, dass wir lernen, Frieden zu schließen untereinander.

Es wird uns nichts nützen, den bösen Wolf zu füttern, es wird uns nichts nützen, zu hassen, denn Hass erzeugt Hass und ist nur durch Liebe zu bekämpfen; Liebe ist stärker als Hass. Egal wie stark dieser ist, wir müssen zusammenarbeiten, um zu überleben, denn wir sitzen im gleichen Zug. Vielleicht nicht im selben Waggon, doch wir haben dieselbe Geschwindigkeit, wir gehen in dieselbe Richtung und wir sind miteinander verbunden.

Wenn wir das begreifen, wird die Welt eine bessere sein, und ich hoffe innig, dass wir das schnell begreifen werden.

Die Macht der Fantasie

Ich finde es manchmal schwierig, mir gewisse Dinge vorzustellen. Wir Menschen besitzen zwar die Gabe, uns einerseits die wildesten und verrücktesten Dinge auszumalen, wir besitzen die Fähigkeit zu träumen, auch Tagträume sind mit eingeschlossen, der Mensch ist sogar fähig, in Gedanken die fantastischsten Reisen zu unternehmen – und dennoch: Wenn es um die voraussichtliche Zukunft unserer Erde, Umwelt und Klima geht, versagen die genannten Eigenschaften gänzlich – mir jedenfalls geht es oft so. Dies mag bewusst oder unbewusst geschehen, aber den sprichwörtlichen Kopf in den Sand zu stecken, ist bestimmt nicht das, was unsere Kinder und Enkel von uns erwarten dürfen.

Lass uns also eine kleine Zeitreise unternehmen: eine Zeitreise in deine eigene Zukunft. Es ist übrigens nicht von Bedeutung, wie alt du heute bist, wenn du diese Zeilen liest und gleich nachfolgend und in Gedanken die Zeitreise in deine Zukunft machst. Einzige Bedingung, wenn du die folgenden Zeilen liest: Versuch dich ganz konzentriert und ohne Vorurteil oder Vorbehalt auf diese kleine Zeitreise einzulassen – du wirst es nicht bereuen.

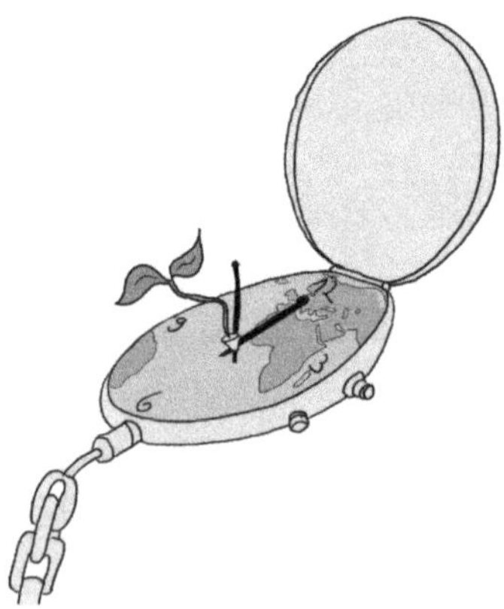

Deine Zeitreise

Die fahlen Strahlen der Morgensonne tasten sich trüb und zaghaft durch das milchige Glas deines Schlafzimmerfensters. Du schlägst die Augen auf, stehst auf, gehst langsam zum Fenster und schaust hinaus.

Nie hättest du gedacht, dass du einst so alt werden würdest. Deine mittlerweile müde gewordenen Augen – beinahe ein ganzes Jahrhundert ist an ihnen vorbeigezogen.

Ende Dezember. Bald schon ist das Jahr um. Der Himmel trägt ein fahles Bräunlichgelb – schmutzig und trüb, kein Blütenweiß mehr zu sehen wie früher in deiner Jugend.

Ja, du kannst dich noch sehr gut an früher erinnern – als der Schnee so weiß und rein und sanft vom Himmel schwebte, an den Blättern der Büsche und Nadeln der einst mächtigen Douglasie vor deinem Fenster hängen blieb, sich sanft auf den grünen Rasen legte und innert kürzester Zeit die Landschaft in ein bezauberndes Wintermärchen verwandelte.

Vorbei. Das alles ist ferne Vergangenheit – unwiderruflich.

Schnee ist schon seit Jahren nicht mehr gefallen. Der Rasen draußen vor deinem Fenster ist einem ewig gelblich schmutzigen Teppich aus Staub und trockener Erde gewichen. Die einst stolze Douglastanne, die Hunderte Jahre trotzig jedem Wetter standgehalten hatte: verdorrt, ein trauriger Stumpf, verwittert, die letzten Äste tragen längst keine Nadeln oder gar Tannenzapfen mehr, sondern zeigen wie nackte, mahnende Finger anklagend in den ewig blassen Himmel.

Dein Gesicht spiegelt sich im vor Feuchtigkeit beschlagenen Fenster und der Gedanke, diese bohrende Frage, die sich wie ein Stachel in deinem Herzen festgesetzt hat, lässt dich nicht mehr los: Wie konnte es bloß so weit kommen? Wir alle wussten doch ganz genau, dass es so kommen würde, wir waren gewarnt worden und wir hätten etwas dagegen unternehmen können – damals, Anfang des 21. Jahrhunderts!

Damals, als du noch jung warst, damals war die Welt noch in Ordnung – deine Welt war noch in Ordnung. Ja, klar: Es gab Hunger, Kriege, Streit, Neid, Missgunst und dann immer wieder auch mal einen Taifun, Hurrikan, Tsunami und so was in der Art. Aber dennoch, alles im Rahmen, alles weit weg – deine Welt war in Ordnung. Und du hattest so viel zu tun damals: die Arbeit, die Kinder, später die Enkel, immer hattest du ein volles Programm, keine Zeit, dir Gedanken über eine Zukunft zu machen, die aus deiner damaligen Sicht nicht die deine sein konnte. Und schon gar nicht die deiner Kinder und Enkel. Wer denkt schon an so was, wenn man jung ist?

Doch es wurde schlimmer, mit jedem Jahr, das verging, schleichend erst und dann immer schneller. Ja, es wurde schlimm, viel schlimmer, als du es dir je vorgestellt hattest! Und je länger du aus dem trüben Fenster auf das schaust, was einst eine heile Welt war, desto stärker formt sich der schlimmste aller Gedanken in dir. Ein Gedanke, der sich erst ganz sachte, tief in deinem Innern regt, doch dann unaufhaltsam wie eine Flutwelle an die Oberfläche dringt, bis er sich über deine bebenden Lippen schiebt und anklagend im Raum steht: „Ich war mit daran schuld.“

***

Irgendwann, viel zu spät, wurde dir bewusst, was globale Erwärmung und Umweltzerstörung wirklich bedeuten. Denn es geschah das, was geschehen musste: Mutter Erde, die uns Jahrmillionen beherbergt hatte, sie, die unzählige Generationen vor uns mit Nahrung, Luft und allem, was man zum Leben braucht, versorgt hatte, wandte sich gegen uns – mit einem Furor, der uns binnen weniger Jahrzehnte aus dem Schoß ihrer Geborgenheit direkt in den Abgrund schleuderte.

Denn wir hatten unseren Planeten, unsere Erde, bis aufs Blut gereizt. Wir selbst waren es gewesen, die sie Tag für Tag ein bisschen mehr aufmunitioniert hatten; jahrhundertelang hatten wir sie geschändet, ausgebeutet, Löcher in sie gebohrt, das Meer zugemüllt, bis auch der letzte Fisch daran erstickt, das letzte Eis geschmolzen, die letzte Biene tot war.

Wir selbst hatten unseren Planeten zu einer wütenden Bestie gemacht, zu einer Kriegsmaschine, die gegen uns in den Kampf zog – in einen Krieg, den wir nicht gewinnen konnten.

***

Warum haben wir das zugelassen? Warum habe *ich* das zugelassen? Diese Frage steht im Raum und du fürchtest dich vor der Antwort. Alle wussten es damals, wir waren informiert, alle Wissenschaftler der Welt hatten es vorausgesagt. Jede Studie damals sagte dasselbe. Aber egal wie informiert wir auch waren – es schien uns irgendwie egal zu sein. Zu weit weg schien das Ganze, zu unglaublich die Konsequenzen, die uns die Wissenschaft vorhersagte, und zudem: Jenseits unserer eigenen Lebensspanne war es schwierig, wenn gar unmenschlich, zu erwarten, dass wir etwas dagegen unternehmen könnten – so dachten wir damals alle.

Wie hatte dieser Klimaforscher, dessen Name du längst vergessen hast, Anfang des 21. Jahrhunderts gesagt? *„Ohne eine drastische Anpassung der Lebensweise von Milliarden von Menschen, werden Teile der Erde wahrscheinlich schon Ende dieses Jahrhunderts unbewohnbar und andere Teile schrecklich unwirtlich sein.“* Und das war nur einer von vielen gewesen, die immer wieder darauf hingewiesen hatten, dass wir drauf und dran waren, die Erde zu ruinieren. Schlimmer noch, wir Menschen waren so blöd, unsere eigene und einzige Heimstätte für uns unbewohnbar zu machen. Wie kann man so unglaublich ignorant und verblödet sein, so etwas zu tun? Aber auch auf diese Frage weißt du heute und im Rückblick beim besten Willen keine Antwort.

Vielleicht konnten oder wollten wir es uns nicht wirklich vorstellen. Vielleicht hatten wir zu viele Dystopien gelesen, zu viele Katastrophenfilme gesehen, möglicherweise war es uns schlicht und ergreifend egal – zu weit in der Zukunft, so langsam, so ungewiss oder gar unmöglich schien uns diese Vorstellung zu sein, dass wir durch unser Zu- und Nichtstun eine für uns und unsere Nachkommen unumkehrbare apokalyptische Katastrophe in Gang setzten.

Oder vielleicht waren wir einfach nicht genügend beunruhigt?

Hollywood und andere Traumfabriken hatten uns gelehrt, uns fast alles vorstellen zu können: Aliens, die auf der Erde landen, Monster in Raumschiffen, die es zu bekämpfen galt, Vampire, Zombies, Werwölfe, Nachtkönige und Untote und unzählige weitere Gefahren, denen wir uns in der virtuellen Welt stellten und sie selbstverständlich meist besiegten. Doch wenn es darum ging, über die Gefahren der realen Erderwärmung und die der maßlosen Ausbeutung unserer Erde nachzudenken, litten wir unter einem unglaublich katastrophalen Versagen unserer Vorstellungskraft.

Aber vielleicht waren wir alle einfach nur Egoisten! Wir sangen und tanzten alle auf dem Oberdeck der Titanic, während unsere Kinder und Enkel – ganz zu schweigen von den noch Ungeborenen – tief unter Deck nichts von dem Eisberg ahnten, den wir soeben gerammt hatten. Wir haben unsere eigene Spezies verraten, indem wir uns nicht früh genug um das Leck tief unten im Schiff kümmerten, sodass keiner zu Schaden kommt, sodass alle, aber auch wirklich *alle*, ihre Reise des Lebens sicher und geborgen vor aller Unbill fortsetzen können.

Gemach!

Die einen unter uns vertrauten unbeirrt in die Unsinkbarkeit unseres Schiffs, andere darauf, dass im schlimmsten Falle genügend Rettungsboote für die, die oben waren, vorhanden sein würden, und der Rest wollte schon gar nicht wahrhaben, dass das Schiff bereits dem Untergang geweiht war.

Hochmut und Arroganz: eine Krankheit, die der ganzen Spezies Mensch zum Verhängnis wurde.

***

Dein Herz wird schwer wie Stein … Du schaust auf die abgestorbenen Finger deiner Douglastanne draußen vor deinem Fenster. Irgendjemand hat sie vor unendlich langer Zeit dorthin gepflanzt. Du stellst dir vor, wie klein sie gewesen sein muss. Wenn sie noch klein sind, die Douglastannen, sehen sie noch ganz armselig aus – wie Pfeifenreiniger, bestenfalls Dekor für eine Modelleisenbahn.

Aber jedes jener dürren, kleinen Stämmchen, die sich frisch gesprossen aus der Erde recken, kennt einen uralten Zaubertrick, den die Natur schon seit ewigen Zeiten in petto hat: Wenn man sie in Ruhe lässt, die kleinen Douglasien, und das hat der Mensch bis vor Kurzem über Jahrtausende geschafft, wenn man sie der Luft und dem Licht und dem Regen überlässt, kann jede einzelne Douglastanne im Laufe der Jahre Tausende Kilos schwer werden. Jede Einzelne, die man in Ruhe lässt, kann bis über eintausend Jahre lang wachsen und leben, kann weit über einhundert

Meter groß werden, so groß und mächtig, dass selbst ein Hochhaus daneben klein aussähe, kann Generationen von Nagern, die den Baum niemals verlassen würden, ein Zuhause bieten, und auch unzähligen Insektenarten, die nichts anderes im Sinn haben, als ihren Wirt seiner Nadeln zu berauben. Und eine einzige Douglastanne ist imstande, zehn Millionen Nadeln im Jahr auf ihre eigenen unteren Äste regnen zu lassen, aus denen wahre Erdmatten entstehen, wie hängende Gärten hoch über dem Boden. Und jedes dieser Wunderwerke der Natur ist imstande, im Lauf seines Lebens Millionen von Zapfen zu produzieren. Die kleinen gelben männlichen mit ihren Pollen und die hängenden weiblichen mit ihren Mauseschwänzchen, die zwischen den Schuppenringen hervorlugen, wären imstande, ganze Länder und Regionen zu durchschweben, um so neue Bäume und Wälder zu schaffen, mehr noch, ganze Wälder neu zu gebären, mit einem Duft, der so harzig und frisch und voller Sehnsucht wie der Duft nach Weihnachten ist – ein Duft, unendlich viel besser und älter, als jeder Stall und jede Krippe es je sein könnten.

Doch dieser Gedanke ist jetzt unerträglich für dich, denn Weihnachten ist schon lange nicht mehr, und Bäume und Douglastannen auch nicht.

***

Wir haben nichts dagegen unternommen, das ist die Wahrheit. Schlimmer noch: Wir haben weggeschaut, aus Bequemlichkeit, als Millionen und Abermillionen Bäume massakriert wurden. Als die Wälder, die Jahrmillionen vor uns da waren und die Welt mit Sauerstoff versorgten, ermordet wurden.

Deine Gedanken kriechen rückblickend auf allen vieren über dieses Schlachtfeld, das wir hinterlassen haben; ein Chaos aus Wurzeln, Stöcken, Zweigen, Ästen, Stümpfen und Stämmen, faserig, zerfleddert, der Fäulnis überlassen auf diesem Friedhof, den niemand mehr pflegt.

Und plötzlich kommt dir ein Satz wieder in den Sinn, den du vor unzähligen Jahren, als du noch jung warst, in einem Buch gelesen hast und der dir damals abstrakt und völlig absurd erschien: *Wenn du eine Pflanze in der Hand hältst und man dir sagt: „Der Messias ist da!“, pflanze sie zuerst ein und dann geh, ihn zu begrüßen.*

Jetzt erst, ein ganzes Leben später, verstehst du dessen Sinn. Doch es ist zu spät, deine Augen sind müde, dein Mund trocken, deine Beine schmerzen – der Anblick der toten Douglastanne vor deinem Fenster ist kaum mehr auszuhalten und der Gedanke, dass uns unser Planet mit seiner ganz eigenen Nemesis für unsere unsägliche Hybris bestraft hat, nicht mehr falsch.

***

Schwarze Verzweiflung umklammert dein Herz, als du an deine Kinder und Enkel denkst, deren Zukunft so düster wie die schwärzeste Nacht ist. Der Kampf um die letzten Nahrungsmittel hat längst begonnen und in ein paar Jahren wird die Erde leer gefressen sein, die Atombomben werden fallen und die letzten Milliardäre verlassen den Planeten in Raketen nach Nirgendwo.

Du drehst dich um. Gehst zurück zu deinem Bett. Legst dich hin. Du willst nur noch schlafen.

Und während deine Augen immer müder werden und du sachte einschläfst, schaust du noch einmal hin, schaust du den Planeten noch einmal an. Die Erde, die auf dich zuschwebend eins wird mit deinen Augen – wie ein Diamant von unermesslicher Schönheit. Tiefblau, ein letztes Licht, das überall hin dringt. Ein Sommertag nach dem anderen voll von diesem Licht, ein optischer Schatz, unermesslich kostbar, als würdest du durch eine Lupe den Planeten und deine Seele zugleich betrachten.

Du lässt los, lässt dich sinken und fallen. Doch keine Trauer, sondern Hoffnung ist dein letzter Gedanke, bevor du einschläfst.

***

Die ersten Strahlen der Morgensonne tasten sich goldgelb und strahlend hell durch das klare Glas deines Schlafzimmerfensters. Du schlägst die Augen auf, stehst auf, gehst langsam zum Fenster und schaust hinaus.

Ende Dezember – bald schon beginnt ein neues Jahr. Der Himmel ist klar und die Luft so frisch und rein wie neugeboren. Der Schnee, der weiß und sanft vom Himmel schwebt, an den Blättern der Büsche und Nadeln der mächtigen Douglasie vor deinem Fenster hängen bleibt und sich dann sanft auf den grünen Rasen legt, wird die Landschaft innert kürzester Zeit in ein zauberhaftes Wintermärchen verwandeln.

Du öffnest das Fenster und atmest die kristallklare Luft tief ein und wieder aus. Ein Glücksgefühl durchflutet deinen Körper und deine Sinne, als dir bewusst wird, dass du geträumt hast.

Ja, du hast geträumt. Von der Zukunft. Von einer Zukunft, die so nicht sein darf.

Deine Muskeln spannen sich, deine Augen sind wach, deine Sinne geschärft, und du weißt jetzt mit unerschütterlicher Gewissheit, dass du handeln musst.

Denn jetzt ist heute – und es ist noch nicht zu spät!

Wie du den Klimawandel bremsen kannst

Viele Menschen sind der Meinung, dass man den Klimawandel als Individuum „eh nicht aufhalten kann“.

Dies kann man so sehen, aber erinnere dich an das Kapitel mit den Schmetterlingseffekten und den Tipping Points: Kleine Dinge können enorme Effekte haben. Mach einen Anfang! Sei ein „kleines Ding“, das Großes bewirken kann. Schreib auf, was du getan hast. Notiere es gleich in diesem Buch – du wirst sehen, je länger und je mehr du tust, um die Umwelt zu schützen und den Klimawandel zu stoppen oder zumindest zu verzögern, desto besser wirst du dich dabei fühlen. Sei ein Held und beginne damit und erzähl es weiter. Je mehr Menschen du mit deinem Handeln motivierst, desto mehr werden dir und deinen Taten folgen.

Und noch etwas: Jeder noch so kleine Schritt von dir, jede noch so kleine Tat und Aktion, die du im Sinne der folgenden Seiten durchführst, wird der Umwelt helfen, denn ein Großteil der Schadstoffemissionen, welche die Umwelt schädigen, entstammen unseren direkten oder indirekten Handlungen. So zum

Beispiel erzeugen Motoren von Personenwagen, Lkws, Flugzeugen und Schiffen CO_2 und andere Treibhausgasemissionen, die zudem zu vermehrter Feinstaubbelastung führen. Die Folge sind Inversionslagen, vor allem in verkehrsbelasteten Städten. Inversionslagen sind warme Luftschichten, die sich über die kalten lagern und die Luftzirkulation stören. Dadurch wird der Treibhauseffekt erhöht und die Erde erwärmt sich zusätzlich.

Mit einigen Tipps kannst du die Schadstoffemissionen verringern und bewusster leben. Dabei ist nicht von Verzicht die Rede, sondern vielmehr von einem bewussteren Lebensstil, der einen neuen Blickwinkel über unsere wunderschöne Erde schenkt und der zudem auch Spaß machen kann.

Lies sie durch, schreibe dir deine eigenen Tipps, Gedanken und Taten auf und gib das weiter – vielleicht dann auch deinen Nachkommen oder wer dir auch immer wichtig ist. Denn denke immer, immer daran, was auch schon der weise Laotse vor über zweitausend Jahren wusste: *„Auch die längste Reise beginnt mit dem ersten Schritt.“* Die nachfolgenden Tipps sind nur eine kleine Auswahl dessen, was du persönlich beitragen kannst, um den Klimawandel zu bremsen und die Umwelt zu schützen. Es gibt noch weit mehr, das du in deinem täglichen Leben tun kannst, um unseren Planeten lebenswert zu erhalten. Das Wichtigste überhaupt ist, dass *jeder* etwas tut – sei es auch ein noch so kleiner erster Schritt!

Fliegen

Mehrmals im Jahr ein Flugzeug zu nutzen, ist im 21. Jahrhundert zur Normalität geworden. Fluggesellschaften transportierten im Jahr 2017 4,1 Milliarden Menschen, das sind 53,7 Prozent der Weltbevölkerung! Im Vorjahr waren es noch 7,1 Prozent weniger. Der Grund für diesen rasanten Anstieg sind die Billigflüge, die für rund 30 Prozent des zivilen Luftverkehrs verantwortlich sind.

Auch die Frequenz und Distanzen, die ein Flugpassagier zurücklegt, nehmen stetig zu. Dabei scheint das Gewissen jedoch nicht mitzufliegen. Ein einzelner Passagier, der von Zürich nach New York und retour fliegt, stößt rund 2,6 Tonnen CO_2 aus! Dieser Flug belastet die Umwelt mehr, als ein ganzes Jahr mit dem Auto unterwegs zu sein oder 292-mal mit dem Zug von Zürich nach Paris und zurück zu fahren. Man müsste 213 Jahre lang eine 14 Watt LED-Leuchte brennen lassen, um auf denselben CO_2-Ausstoß zu kommen, oder anders gesagt: Der Flugpassagier müsste so lange im Dunkeln sitzen, um die Flugemissionen zu kompensieren. Eine andere Möglichkeit wäre, sein ökologisch geheiztes Einfamilienhaus sieben Winter lang nicht mehr zu heizen oder sich 92 Wochen lang vegetarisch zu ernähren.

Diese Zahlen sind erschreckend, und doch scheinen sie uns nicht im Geringsten zu berühren. Im einen Moment sehen wir uns wundervolle Dokumentationen über die afrikanische Serengeti oder die Arktis an. Wir sehen die immer dünner werdenden Eisschilde, die Eisbärenmütter, die nach Nahrung suchen und erfolglos zurückkehren, weil das Eis unter ihren Füßen wegschmilzt, und die kleinen Babyeisbären, die aufgrund von Unterernährung zugrunde gehen. Und dann dieses Bild, das mir nicht mehr aus dem Kopf gehen will: ein kleines wuscheliges Eisbärenbaby, das immer und immer wieder versucht sich mit aller Kraft an einer dünnen Eisplatte festzuhalten, immer und immer wieder versucht sich daran hochzuziehen, es aber nicht schafft – und genau in diesem Moment, davon bin ich überzeugt, wird auch den hartgesottensten Zeitgenossen unter uns das Herz schwer und wir fühlen mit diesem kleinen, weißen Wollknäuel im Wasser, wir rufen dem Fernseher zu, er solle doch irgendetwas machen, damit dieses knuddelige Eisbärenbaby überlebt.

Doch dieses Mitgefühl ist in dem Moment vergessen, in dem wir eine Mitteilung von einer Flugzeuggesellschaft auf unser Smartphone bekommen: „Sonderangebot! Nur 15 Euro, um nach Barcelona zu fliegen". Und klick – der Eisbär ist passé, man gönnt sich ja sonst nichts.

Erinnern wir uns: Jeder Langstreckenflug kostet dem Babyeisbären weitere drei Quadratmeter Eis, die ihm fehlen werden!

Wir sehen die traurigen Bilder, die roten Zahlen der Klimabilanz, wir hören Nachrichten, sehen die Klimastreiks – und doch sehen wir es nicht wirklich. Es scheint, als würden wir durch alles hindurchsehen und das Wesentliche ausblenden, so als hätten wir unsere Augen nie richtig offen. Vielleicht sind wir einfach auch zu satt geworden, zu egoistisch – selbst gegenüber den eigenen Kindern und Enkeln, deren Erde und Zukunft wir ruinieren!

Das muss aufhören. Wir müssen uns endlich über die Konsequenzen unserer Handlungen bewusstwerden. Ich spreche nicht davon, nie wieder ein Flugzeug zu betreten, nein. Klimaschutz ist nicht ein Synonym für radikalen Verzicht, sondern für Reflexion und einen bewussteren Lebensstil. Auch unsere Kinder und Enkelkinder, ob bereits geboren oder noch ungeboren, haben das Recht, auf einer lebenswerten Erde zu leben! Es ist unsere Aufgabe, ihnen dieses Recht zu bewahren. Wir sollten unseren Kindern das Beste bieten, was es anzubieten gibt, und wenn das bedeutet, dass man dann und wann auf einen Flug verzichtet und auch sonst auf seinen Lebensstil achten muss, dann muss ich dir sagen, dass das in meinen Augen ein ziemlich guter Deal ist. Und noch etwas: Was kann es geben, das cooler ist, als dass deine Kinder und Enkel dereinst von dir sagen werden: „Meine Mama, meine Oma, mein Papa, mein Opa – *das* waren damals echte Helden, denn die haben die Erde gerettet!“?

Nicht nur über den Wolken ist die Freiheit grenzenlos!

Anstatt mehrmals von Zürich nach New York zu jetten, sodass es gar eine Alltäglichkeit wird, das Empire State Building zu sehen, könntest du deine Familie nach einem Jahr Vorfreude mit einer Reise nach Rom, Paris, Berlin oder ins Berner Oberland überraschen. Durch die Rarität wird ein Erlebnis doch viel kostbarer.

In den letzten Jahrzehnten hat sich unter Jugendlichen eine völlig neue Weltanschauung verbreitet. Man müsse möglichst weit reisen, um es schön zu haben. Am besten nach Amerika, Asien, Australien oder Afrika. Man wolle etwas Besonderes sehen, etwas, das man im eigenen Land nicht kenne. Das ist verständlich, jeder will Neues entdecken und das darf man auch. Dennoch habe ich das Gefühl, dass man dabei ganz vergisst, wie wunderschön das eigene Land (in meinem Fall die Schweiz) ist. Und mit der Eisenbahn sind die schönsten Plätze Europas in zumeist wenigen Stunden erreichbar. Sei es der Eiffelturm, der Schiefe Turm von Pisa, die Polarlichter oder die Alpen.

Wenn du mit dem Zug unterwegs bist, kannst du dich mit anderen Leuten unterhalten oder aufstehen und den Waggon wechseln. Wenn du hungrig bist, kannst du sogar zum Speisewagen und dort gemütlich eine Mahlzeit einnehmen. Doch das wohl Wundervollste ist, einfach nur aus dem Fenster zu sehen und die wunderschöne Landschaft zu betrachten, während man dem gleichmäßigen Takt der Waggons, die über die Schienen gleiten, lauscht. Anstatt im Flugzeug das Fensterrollo runterzuziehen und sich einen Film anzuschauen, fährt man im Zug mit wahrlich offenen Augen durch das echte Leben und sieht, wie die Landschaft draußen vorbeigleitet, sich immer wieder verändert. Das gehört für mich wohl mit zu den schönsten und sinnlichsten Ferienerlebnissen überhaupt – und dies, bevor die eigentlichen Ferien erst richtig begonnen haben!

Kürzere Strecken könnte man sogar mit dem Fahrrad bewältigen und seine Ferien somit in ein erlebnisreiches Fahrradabenteuer umgestalten. Viele Menschen unterschätzen, wie wunderbar entspannend eine solche Tour sein kann, wie lebendig und naturnah man sich fühlt. Ist es nicht wundervoll, die wärmenden Sonnenstrahlen auf seiner Haut zu fühlen, während dir eine feine Sommerbrise durch die Haare gleitet? Ist es nicht ein aufregendes Gefühl, die an dir vorbeigleitende Landschaft zu betrachten, während du Meter für Meter, Kilometer für Kilometer zurücklegst?

Aber auch Wandern bietet die Möglichkeit, von einem Ort zum anderen zu kommen und sich dabei in der Natur aufzuhalten. Anstatt von einer Destination zur nächsten zu jetten und dabei jeweils den Innenraum der Flugkabine zu betrachten und das Dröhnen der Triebwerke zu hören, bewegt man sich beim Wandern in einem Raum von großer Vielfalt. Man läuft über feinen Kies, über die von den Bäumen abgeworfenen Blätter am Boden, über dünne Äste. Man springt von einem Stein zum nächsten, um Flüsse zu überqueren, man macht auf Brücken halt, um den Moment dieser unfassbaren Schönheit zu genießen. Und man hört. Man hört das Zwitschern der Jungvögel, die nach ihrer Mutter rufen, das Rascheln der Blätter unter den Füßen, hier und da eine Eule, dann den Wind, der durch die Baumkronen fegt. Und man riecht die frische Luft, die einem durch die Lungen bis zu den Lungenbläschen strömt. Und da ist es, dieses Gefühl der Dankbarkeit. Dieses Gefühl wird man nicht in diesem Ausmaß im Flugzeug zu fühlen bekommen.

Jeder Langstreckenflug kostet weitere drei Quadratmeter arktisches Eis.

Meine Gedanken, Taten und Erinnerungen

Plastik

Die Folgen unseres Plastikverbrauchs sind verheerend. Der Plastikmüll landet im Meer, wo er jährlich über 135 000 Meerssäugern und über einer Million Vögeln das Leben kostet.

Hochrechnungen zeigen, dass sich auf jedem Quadratmeter Meer mehr als 18 000 Plastikteile befinden. 90 % davon sind für uns jedoch nicht sichtbar, befinden sich auf dem Meeresgrund, wo sie zu Müllteppichen werden, Korallenriffe zerstören und das ganze marine Ökosystem aus dem Gleichgewicht bringen. Dabei reichern sich gefährliche Inhaltsstoffe wie Bisphenol A, Phthalate oder Flammschutzmittel an, die in der Nahrungskette weitergegeben werden und das Erbgut sowie den Hormonhaushalt nicht nur mariner Lebewesen beeinflussen.

So wurde im April dieses Jahres ein schwangerer Pottwal an der Küste Sardiniens gefunden, welcher 22 Kilogramm Plastik im Bauch hatte. Muttertier und das Kalb starben. Genauso werden immer wieder Robben und Fische geborgen, die sich in Geisternetzen verfangen haben und sich nicht mehr befreien können.

Wir müssen etwas dagegen tun! Wir dürfen nicht mehr tatenlos zusehen, wie das Ökosystem zusammenbricht, wie immer mehr Tierarten aussterben. Ich möchte meinen Kindern später nicht erklären müssen, weshalb es keine Eisbären, Pinguine oder Wale mehr gibt. Ich möchte ihnen nicht beibringen müssen, dass wir deren Aussterben hätten verhindern können, ich jedoch einfach nichts getan habe, weil mir mein Lebensstandard inklusive Plastik wichtiger war.

Ich möchte ihnen stattdessen erzählen können, dass ich in einer Zeit der Umbrüche gelebt habe. In einer Zeit, in der wir kurz vor der Zerstörung unserer Erde standen, in der niemand geglaubt hatte, das noch abwenden zu können. Und genauso möchte ich ihnen erzählen, dass wir es dennoch geschafft haben! Denn tatsächlich spielt es keine Rolle mehr, ob man groß, klein, dick, dünn, schwarz, weiß, Christ, Hindu, Muslim oder Jude ist. Wir müssen alle zusammenhalten und die Welt verändern. Wir müssen an uns glauben, nur so schaffen wir das!

Wie wär's mit Jute?

Es sind vielleicht nur kleine Dinge, die jeder von uns tun kann, aber zusammen können sie Großes bewirken.

- Nimm zum Beispiel beim nächsten Einkauf im Supermarkt deine eigene Stofftasche mit, anstatt jedes Mal eine neue Plastik- oder Kartontüte mitzunehmen. Wenn du deine Einkaufstasche vergessen hast, dann überlege dir zweimal, ob du wirklich eine neue brauchst. Wenn eine Tasche unabdinglich ist, so nimm besser eine Papiertasche, auch wenn diese mehr kostet. Oder nimm beim nächsten Einkauf ein Körbchen mit, so wie in alten Zeiten. Ein Holzkörbchen ist leicht zu transportieren, hat einen stabilen Griff und ist zudem ein äußerst modisches

Accessoire, zudem hat es etwas Traditionelles – das nennt sich heutzutage „vintage“. Probier’s einfach mal aus.

- o Wenn du im Supermarkt bist und Früchte oder Gemüse kaufst, dann versuche auf Plastikverpackungen zu verzichten. Du wirst das Gemüse sowieso später in deine Einkaufstasche legen, da ist eine Plastikverpackung eigentlich nicht notwendig.
- o Nimm deine eigene Tupperware mit, wenn du zum Metzger gehst. Somit können die Fleischwaren direkt in die mitgebrachte Verpackung gelegt werden und müssen nicht in eine unnötige Plastikverpackung eingewickelt werden.
- o Laufe nach Möglichkeit zum Supermarkt oder nimm ein öffentliches Verkehrsmittel. Das ist ganz essenziell, wenn wir von Klimaschutz sprechen. Man sollte nicht immer unbedacht ins Auto steigen, gerade wenn der Weg zum Supermarkt kurz ist. Natürlich ist ein Auto praktisch, vor allem, wenn man schwere Einkaufstaschen hat. Doch wenn du die Möglichkeit hast zu laufen, würde ich dir anraten, dies zu tun. Genieße die frische Luft, grüße die Menschen um dich und nimm eventuell eine Rolltasche mit, dann sind deine Einkäufe leicht zu transportieren.
- o Verzichte auf Wasser in PET-Flaschen und trinke vermehrt Wasser aus dem Hahn.

Traditionen sind etwas Schönes. Sehr oft basieren sie auf einem schonenden Umgang mit den Ressourcen, weil es den heutigen Überfluss nicht gab. Und wir dürfen sie nicht verlieren, denn

Traditionen gehören zu unserer Geschichte, was bedeutet, dass sie gepflegt und gehegt werden sollten. So zum Beispiel der traditionelle Einkauf. Mit einem schönen Flechtkorb oder der eigenen Stofftasche in den Einkaufsmarkt zu spazieren. Oder auf den Wochenmarkt? Ist es nicht viel charmanter, seine persönliche, eventuell verzierte Einkaufstasche zu kaufen, als jedes Mal aufs Neue eine neue Plastiktüte zu nehmen, von denen man Zuhause sowieso schon zu viele hat? Es macht doch um einiges mehr Spaß, einen netten Spaziergang zum Supermarkt zu machen, durch die Regale zu schlendern und die Waren in seinen eigenen Korb zu legen. Und anstatt schwere Wasserplastikflaschen zu schleppen, kann man das Wasser aus dem Hahn beziehen, das ist sowohl billiger als auch umweltfreundlicher. Und wenn wir ganz ehrlich sind, schmeckt das Wasser aus den öffentlichen Leitungen sehr gut.

Meine Gedanken, Taten
und Erinnerungen

Das Meer ist der Ursprung allen Lebens.

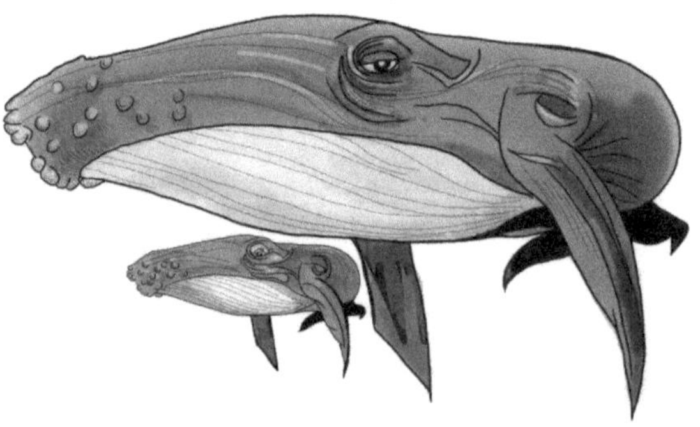

Bäume

Wälder tragen zur Wetterregulierung bei, verhindern Überschwemmungen und Bodenerosionen. Sie liefern Sauerstoff und speichern das klimaschädliche CO_2. Außerdem beheimaten sie unzählige Tierarten; das Ökosystem Wald weist neben den Ozeanen die zweitgrößte Artenvielfalt auf dem Planeten Erde auf.

Doch wir sind im Begriff, diese grüne Lunge zu verlieren. 2011 betrug der globale Verlust der Baumbedeckung noch 17,5 Millionen Hektar, sechs Jahre später waren es schon 29,4 Millionen Hektar, das entspricht einer Fläche von 41 Millionen Fußballfeldern!

Vor allem Regenwälder sind dabei bedroht. Und dies, obwohl 12–17 % der CO_2-Emissionen durch die Rodung genau dieser Tropenwälder entstehen. Hauptgrund ist der erweiterte Anbau von Palmöl. Allein in Indonesien wurden zwischen 2001 und 2015 knapp 1,5 Millionen Hektar Primärwald in Plantagen umgewandelt.

Primärwälder sind Urwälder, die unersetzbar sind. Das Nachwachsen eines solchen Waldes würde Jahrhunderte dauern. Diese Zeit haben wir jedoch nicht. Wir müssen unverzüglich mit der Rodung der Tropen aufhören, denn wenn wir den Amazonas-Regenwald verlieren, so haben wir keine Chance, den Klimawandel aufzuhalten. Wenn die gerodeten Flächen den Schwellenwert von

20 % erreichen, dann könnte das gesamte Ökosystem Regenwald zusammenbrechen und zur Savanne werden.

Das hätte verheerende Konsequenzen für die 80 % der weltweit vorkommenden Tierarten, die in den Tropen beheimatet sind. Dabei ist zu erwähnen, dass „verheerend" eine Untertreibung ist, denn diese Tiere hätten ihre gesamte Lebensgrundlage verloren und würden früher oder später aussterben.

Grün ist das neue Cool!

Wichtig ist, dass jeder das tut, was in seiner Macht steht. In diesem Fall könntest du einen Baum pflanzen. Es muss kein Regenwald sein, der daraus entsteht, aber vielleicht einfach ein Aprikosenbaum oder ein Apfelbaum. Wenn du nicht die Möglichkeit besitzt, einen Baum zu pflanzen, dann begrüne deine Wohnung oder deinen Balkon mit schönen Blumen. Es wird die grüne Lunge der Erde nicht ersetzen, doch es wird ein kleines Lungenbläschen darin sein. Jeder einzelne angepflanzte Baum wird genau dies sein, bis die Lunge wieder intakt ist.

Mach deiner Familie mit frischen Aprikosen im Sommer eine Freude, genieße später einmal die Herbstabende unter dem Schatten der Baumkrone, wenn der Baum gewachsen ist, sieh den Jahreszeiten zu, welche deinen Baum immer im gleichen Zyklus verändern.

Das Gleiche trifft auch auf einen grünen Balkon mit duftenden Blumen zu, die dir mit ihren prächtigen Farben und sanften Düften den Frühling und Sommer verschönern, bevor sie sich dem Winter beugen, um dann im nächsten Jahr aufs Neue zu erblühen.

Vielleicht denkst du jetzt, dass ein Baum oder eine Pflanze nichts verändern wird. Und vielleicht trifft das für den einzelnen Menschen auch zu. Doch dieser grüne Freund wird nicht nur irgendein doofes Gewächs sein, sondern es wird dein Gewächs sein, das seine Wurzeln in deinen Boden gräbt. Du wirst es hegen und pflegen müssen und es wird dir Gesellschaft leisten und Samen schenken, die du deinen Kindern und Kindeskindern weitergeben kannst. Und ich garantiere dir, du wirst staunen, was dieser kleine Samen auslösen kann.

Es gibt mehr als sechzigtausend bekannte Baumarten auf unserem Planeten. Dies haben Forscher des Botanical Gardens Conservation International (BGCI) im britischen Richmond in der ersten globalen Inventur aller Baumarten 2016 herausgefunden. Zum Vergleich: In Deutschland gibt etwa einhundert heimische Baumarten. Wie zu erwarten war, weisen tropische Länder mit großen Regenwaldgebieten die meisten Arten auf. Die Liste wird von Brasilien, Kolumbien und Indonesien angeführt – allein in Brasilien, also im Amazonas-Regenwald, finden sich mehr als 8700 Baumarten.

Und genau in diesen Ländern und Regionen werden die Bäume und Wälder an stärksten gerodet – man könnte auch „massakriert“ sagen.

Nehmen wir als Beispiel den Karomia gigas: Dieser ist einer der seltensten Bäume überhaupt. Nur noch sechs Exemplare dieses

Wunders der Natur konnte eine Expedition 2016 in einem sehr entlegenen Teil Tansanias ausfindig machen. Der Rest wurde bereits abgeholzt. Ob die restlichen sechs Exemplare noch leben, ist zum Zeitpunkt, da diese Zeilen geschrieben werden, unbekannt.

Oder auch die Florettseidenbäume aus den unendlichen Wäldern Brasiliens, deren warzenförmige, spitze Stacheln den Stamm bedecken, Dornen, die sich entwickelt haben, um selbst Dinosaurier abzuwehren. Doch selbst dieser geniale Abwehrmechanismus, den die Natur diesem wunderbaren Baum geschenkt hat, um sich gegen jedweden Feind zur Wehr zu setzen, kann gegen den Furor des Menschen nichts ausrichten.

All die Bäume, Büsche und Pflanzen, die von den entferntesten tropischen Inseln, den verstecktesten Tälern Zentralasiens und aus der staubtrockenen, unberührten Savanne stammen – Taschentuchbaum, Jacaranda, Kampferbaum, Rauschopf, Flammenbaum, Rote Maulbeere, Kurrajong und Kaiserbaum – sind pulsierendes Leben, das der Mensch tagtäglich millionenfach vernichtet.

Dabei sind Bäume einfach eine geniale und wunderbare Idee der Natur und der Schöpfung, so großartig, dass die Evolution sie immer wieder neu erfindet. So hat zum Beispiel jede der siebenhundertundfünfzig Feigenarten der Welt ihre eigene Wespenart, die sie befruchtet. Und was Bäume imstande sind zu leisten – jede vom Menschen erfundene Technologie mutet steinzeitlich im Vergleich dazu an. Die Photosynthese zum Beispiel: ein schieres Wunder der Natur. Eine fantastische Meisterleitung der Chemietechnik. Die Photosynthese ist quasi das Fundament, ja, die Kathedrale der Schöpfung. Sie ist die wahre Symphonie des Lebens und das restliche Leben lediglich eine Begleitmusik. Denn sie birgt das wahre Geheimnis aller Existenz: Pflanzen und Bäume nehmen Licht und Luft und Wasser auf, und die gespeicherte Energie verwenden sie, um Leben daraus zu machen. Hunderte von Chlorophyllmoleküle formieren sich zu Antennenkomplexen, und unzählige solcher Antennenkomplexe bilden wiederum Thylakoide, also Membransysteme, die wiederum ein Teil von Chloroplasten sind, und ein einziger Chloroplast enthält ganze Stapel dieser scheibenförmigen Gebilde. Bis zu hundert solcher Miniatur-Solarkraftwerke liefern die Energie für eine einzige Pflanzenzelle. Ein Blatt alleine kann aus Millionen solcher Zellen bestehen. Wenn man sich vorstellt, dass in der Krone eines einzigen riesigen Ginkobaums bis zu einer Million solcher Blätter rascheln – erst dann kann man ansatzweise erahnen, welch unglaubliche Wunder die Natur vollbringen kann.

Wusstest du, dass das Wort „Buch“ von Buche kommt? Oder wusstest du, dass die frühesten Sanskrit-Texte auf Buchenrinde geschrieben wurden? Sanskrit ist eine sehr alte Sprache. Ihre Entstehung wird etwa auf 1500 vor Christus datiert. Sie ist die wichtigste Sprache im Hinduismus und eine der wichtigsten Kultur- und Herrschaftssprachen. Unzählige überlieferte religiöse, philosophische und wissenschaftliche Texte sind in Sanskrit verfasst. Sanskrit ist zudem die klassische Sprache der Brahmanen und Sanskrit war die Sprache des Siddhartha Gautama, auch bekannt als Buddha, dem Begründer des Buddhismus. Für Südasien spielt Sanskrit eine ähnliche Rolle wie das Latein für Europa oder das Hebräische beziehungsweise das Aramäische für die antiken und heutigen Juden.

Ein winziger Samen, der im Laufe der Jahrzehnte zu einer Buche heranwuchs, sodass eine der ältesten Sprachen der Welt auf ihre Rinde geschrieben werden konnte – ein Baum, auf dessen Rinde Religion, Wissenschaft und Philosophie für unzählige nachfolgende Generationen an Menschen weitergegeben wurde, nachdem der Baum selbst längst nicht mehr war … Kann es ein größeres Wunder geben?

Bäume und Wälder sind ein unbezahlbares Geschenk der Natur und wir sollten sie entsprechend behandeln, denn durch unseren vermeintlichen Sieg über die Natur laufen wir Gefahr, letztlich zu Verlierern zu werden.

Meine Gedanken, Taten und Erinnerungen

»Wir alle sind Reisende auf der Milchstraße, Bäume und Menschen gemeinsam … Der geradeste Weg ins Universum führt durch die Wildnis des Waldes.«

John Muir

Fleisch

Die meisten Menschen lieben Fleischwaren, ob es ein schmackhafter Wurstsalat, ein Steak oder der Aufschnitt zum Abendbrot ist. Unser Fleischkonsum ist enorm. Der globale Fleischverbrauch nimmt Jahr für Jahr zu. Seit den 1960er Jahren hat er sich vervierfacht! Mittlerweile schlachten wir 74 Milliarden Nutztiere pro Jahr, also fast zehn Mal so viele, wie es Menschen auf der Erde gibt.

Doch nebst der Tatsache, dass viele Tiere unter den Zucht- und Schlachtbedingungen leiden, hat die Fleischproduktion einen erheblichen Einfluss auf die Umwelt und das Klima. Grund dafür sind die Treibhausgase wie Methan, Kohlenstoffdioxid und Lachgas. Diese werden nicht nur durch die Verbrennung fossiler Brennstoffe oder durch den Transportverkehr erhöht, sondern auch durch die Massenviehhaltung und Herstellung von tierischen Produkten im industriellen Maßstab. So stammen 14,5 % der von Menschen verursachten Treibhausgasemissionen aus der Tierwirtschaft!

Außerdem werden für die Gewinnung von Weideflächen und für den Anbau von Futtermitteln große Flächen von Regenwäldern gerodet. Zudem benötigt die Fleischproduktion enorme Mengen an Wasser. So werden allein im Jahre 2017 für ein Kilogramm Rindfleisch 15 000 Liter Wasser verbraucht. Wenn wir diese Zahl zum Beispiel auf den Schweizer Grundbedarf hochrechnen, so verbraucht jeder Bürger jährlich 750 000 Liter Wasser allein für den Fleischkonsum. Auf die ganze Schweiz gerechnet sind das rund 6,4 Billionen Liter Wasser (also eine Million mal 6,4 Millionen Liter Wasser! Eine unvorstellbare Zahl). Lass dir diese Zahl mal auf der Zunge zergehen. Allein um den Fleischkonsum im Jahre 2017 zu decken, benötigten wir diese Mengen an Wasser nur in der Schweiz!

Warum nicht dann und wann mal veggie?

Der Fleischkonsum ist ein Luxus, den wir überhaupt nicht mehr schätzen, da er zur Alltäglichkeit geworden ist. Doch oft vergessen wir zwei wesentliche Aspekte:

1. Die Massentierhaltung und damit die katastrophalen Bedingungen, unter denen die Tiere in vielen Massenproduktionsbetrieben zu leben haben.

2. Den klimaschädlichen Effekt des Fleischkonsums.

Wenn du gerne Fleisch isst, dann musst du nicht darauf verzichten. Versuche einfach, deinen Konsum zu drosseln, vielleicht erst in kleinen Schritten. Wenn du bisher jeden Tag mehrere Stücke Fleisch verzehrt hast, dann probiere, dich zunächst täglich auf ein Stück bzw. eine Mahlzeit zu beschränken. Im nächsten Schritt kannst du ausprobieren, einen Tag der Woche auf Fleischprodukte zu verzichten, dann einen weiteren Tag – und so weiter. Am Ende hast du vielleicht sogar erreicht, nur an den Wochenenden Fleisch zu konsumieren, dafür aber ein besonders schmackhaftes oder besonderes Stück.

Achte in diesem Zusammenhang auf die Herkunft des Fleisches, auf die Produktionsstandards (Freiland) und Gütesiegel wie das Biolabel.

Ich persönlich glaube, dass die Kostbarkeit und die Freude an etwas oft mit dessen Besonderheit und Rarität zusammenhängen. Wenn du also gerne kochst oder deiner Familie oder deinen Gästen einmal eine Freude machen willst und dich gleichzeitig für ein bewussteres Leben entscheidest, dann koche vielleicht nur ein bis zwei Mal pro Woche mit Fleisch, das aber umso leckerer ist.

Bei der Auswahl von Fleischprodukten ist es ratsam, regional einzukaufen. Und da du ja dann weniger Fleisch kaufst, kannst du dir auch höherwertiges Fleisch leisten, das zum Beispiel in Freilandhaltung aufwuchs und bei dem die Tierschutzstandards eingehalten wurden.

»Denk mit dem Herzen!«

Sprichwort der
Hopi Indianer

Meine Gedanken, Taten
und Erinnerungen

Virtuell

Die moderne Gesellschaft, die sich in den letzten Jahrzehnten entwickelte, ist durch eine immer weiter aufstrebende Branche geprägt, ohne die das Leben, so wie wir es heutzutage kennen, kaum denkbar wäre – die der Informations- und Kommunikationstechnologie (ICT).

Praktisch alle nutzen das Smartphone täglich – je jünger der Mensch, desto öfter tut er dies bislang, manche fast ununterbrochen. Auch die Streaming-Dienste boomen. Dabei besagen manche Studien, dass das Streamen von Filmen und Videos umweltschädlicher als das Fliegen sei. Denn diese Tätigkeiten verbrauchen Strom und da die Stromerzeugung überwiegend auf fossile Brennstoffe zurückgreift, wird für diese Stromerzeugung CO_2 erzeugt. So wird der Anteil der ICT-Branche an den globalen Treibhausemissionen auf heute etwa 3,7 % geschätzt; das ist beinahe doppelt so viel wie die der zivilen Luftfahrt (2 %). Die Emissionen von Personenwagen und Motorrädern liegen bei 8 %.

Und das ist noch nicht alles, denn der digitale Energieverbrauch steigt mit einer jährlichen Zunahme von 9 % stetig.

Wenn sich dieser Trend weiterhin so fortsetzt und das Datenvolumen im Internet somit weiterhin um 30 % jährlich steigt, so wäre die ICT-Branche schon in sechs Jahren für rund 8 % aller Treibhausgasemissionen verantwortlich!

Verursacher sind unter anderem die stetig wachsende Anzahl an Smartphones und deren Energieverbrauch sowie die Explosion des Datenverkehrs, zu dem wir Konsumenten eine entscheidende Rolle beitragen. Vor allem das Streamen von Videos sorgt für einen großen Energieverbrauch: So verbraucht jemand, der zehn Minuten über die Cloud ein Video anschaut, gleich viel Strom wie jemand, der fünf Minuten einen elektrischen 2000-Watt-Ofen mit voller Kraft betreibt!

Wir sind eine Gesellschaft, die einen hohen Wert auf schnellstmögliche Datenverarbeitung, unkomplizierte, rasche Kommunikation und Informationsbeschaffung legt. Kein Jahrhundert gewährleistet diese Bedürfnisse besser als das 21. Jahrhundert, und obwohl wir alle unsere Vorteile aus dieser Tatsache ziehen, birgt sie gleichzeitig ihre Gefahren – denn jeder kann nicht nur, sondern muss geradezu überall und jederzeit erreichbar sein. Es scheint, als bleibe keine Sekunde, in der man das Mobiltelefon zur Seite legen könnte. Außerdem verfolgen wir seit mehreren Jahren die Tendenz, uns nicht mehr persönlich zu treffen, sondern sehr stark über soziale Medien oder SMS, WhatsApp und dergleichen zu kommunizieren, weil dies schneller und bequemer ist. Gerade in den sozialen Medien besitzen wir „Freunde", die wir noch nie persönlich getroffen haben, geschweige denn überhaupt wirklich kennen. Und wir verbringen viel zu viel Zeit online und vernachlässigen dabei notgedrungen die reale Welt.

Eine Folge ist zunehmender Stress, der zu sogenannten Burnouts führt.

Warum nicht mal Socal Life statt Social Media?

Wir müssen lernen, uns Zeit zu nehmen, wir müssen uns in Zukunft von der virtuellen Welt, die uns das Smartphone bietet, entfernen und in die Realität zurückkehren. Das muss nicht von heute auf morgen geschehen, beginne mit kleinen Schritten. Versuche beispielsweise dein Handy für einen Nachmittag in eine Schublade zu legen und nicht mehr darauf zu blicken, gehe nach draußen, mach einen Spaziergang im Wald, atme die frische Luft ein, lausche dem Zwitschern der Vögel, schalte auf deine Weise ab – und ich sage dir, du wirst die Zeit um einiges mehr genießen können, als wenn du angespannt auf ein Display blickst.

Wenn du gerne Videos oder Filme ansiehst, dann ist das dein gutes Recht, doch die Spannung liegt in der Abwechslung; verzichte einen Tag auf einen Film und geh stattdessen ins Theater oder in ein Museum. Bei schönem Wetter ist ein gemütlicher Spaziergang eine Möglichkeit, sich zu entspannen. Wenn du doch lieber zuhause bleiben möchtest, so empfehle ich dir, ein Buch zu lesen.

Eine abwechslungsreiche Alternative zum Schreiben von SMS wäre das traditionelle Versenden eines Briefes. Anstatt mit seinen Freunden zu chatten und zu telefonieren, kann man sich in einem Café persönlich treffen und alle Neuigkeiten vis-à-vis austauschen. Es macht doch mehr Spaß, seine Freunde wirklich zu treffen, ihnen gegenüberzustehen und ihre Mimik zu verfolgen, während man mit ihnen redet. Ganz nebenbei führt die reale

Kommunikation auch zu weniger Missverständnissen, denn per SMS, E-Mail oder Twitter kann man sich nie auf dieselbe Weise austauschen wie persönlich. Geschriebene Worte können schnell mal falsch aufgefasst werden, wenn man die Person aber vor sich hat und ihre Stimmlage, Mimik und Handbewegungen sieht, dann versteht man besser, weil mehrere Sinne an der Auffassung des Gesprächs beteiligt sind.

Außerdem ist es schlichtweg etwas Schönes! Der menschliche Kontakt ist etwas Schönes und etwas, das der Mensch als soziales Wesen braucht. Es tut gut, miteinander zur reden, zu lachen, sich in einigen Dingen einig zu sein und in anderen nicht. Es ist schön, verschieden zu sein, anderes zu denken und seine Gedanken direkt zu teilen. Das dürfen wir nicht vergessen, das ist eine Tradition, die wir nicht verlieren sollten, ein Teil unserer Geschichte.

Meine Gedanken, Taten und Erinnerungen

»Das Ziel des Lebens ist ein Leben im Einklang mit der Natur.«

Zenon von Kition

Kreuzfahrten

Eintausend Euro: Für diesem Preis, den sich heutzutage in unseren Breitengraden eine große Mehrheit leisten kann, ist man dabei auf einer einwöchigen Kreuzfahrt durch das Mittelmeer. Und für knapp 5.000 Euro ist in wenigen Minuten online eine siebentägige Arktiskreuzfahrt gebucht, Abfahrt in Reykjavik. Wieso eigentlich auch nicht? Nicht jeden Tag kann man von Deck aus in wenigen Metern Entfernung den Eisbärbabys zusehen, wie sie miteinander spielen, bevor sie sich wieder an ihre Mutter kuscheln.

Allerdings sei auch zu bedenken, dass man gleichzeitig, auch wenn kaum sichtbar für die menschliche Wahrnehmung, dem arktischen Eis beim Schmelzen zuschaut. Und was uns zudem bewusstwerden sollte, ist, dass Kreuzfahrtschiffe eine enorme Umweltbelastung darstellen. Denn die Seeriesen werden mit Schwerölen betrieben. Schweröle sind Rückstände der Ölraffinerien. Damit das Schweröl in die Maschine fließen kann, muss es erhitzt und anschließend gefiltert werden. Dabei entsteht ein Schlammrückstand, der sogenannte „Sludge", den manche Reeder einfach über Bord werfen lassen, um die Entsorgungsgebühren zu sparen. Dieser Sludge verursacht schwere Umweltschäden am marinen Ökosystem, er vergiftet das Meer und fordert das Leben von vielen marinen Lebewesen, somit wird das ganze Gleichgewicht des Meeres aus den Angeln gehoben.

Und das ist nicht alles: Das Schweröl, welches die Schiffe betreibt, darf einen Schwefelgehalt von 3,5 % haben. Das ist 3500-mal mehr als an Land in Benzin und Diesel erlaubt ist! Nebst dem Schwefeldioxid werden Stickoxide und Feinstaub, darunter auch Rußpartikel, in die Atmosphäre abgegeben, die ebenfalls das aerobe Ökosystem schädigen. So führen die Feinstaubpartikel zu zunehmenden Inversionslagen, die die Luftzirkulation behindern und auf diese Weise sogar zu noch höherer Feinstaubbelastung führen. Ein Teufelskreislauf. Zudem stellen vor allem ultrafeine Staubpartikel eine große Gesundheitsbedrohung dar, denn diese sind mit einem Durchmesser von unter einem Mikrometer so klein, dass sie selbst durch die feinen Lungenbläschen und in die roten Blutkörperchen eindringen können. Feinstaub kann zu Asthma, Bronchitis und sogar zu Krebs führen, und dabei ist nur von den Menschen die Rede. Die Umweltbelastung für die Ökosysteme Wasser und Land stellt aber tatsächlich ein noch viel größeres, weil umfassenderes Problem dar.

Das müssen wir lösen!

Wenn schon exklusiv, dann aber richtig!

In unserer Gesellschaft ist es ein Trend, jedes Jahr aufs Neue einen noch außergewöhnlicheren Urlaub als im Vorjahr zu planen, weil es heißt, dass man sonst etwas verpasst haben könnte („1000 Orte, die man gesehen haben muss, bevor man stirbt“, um einen bekannten Slogan zu nennen). Doch was wir dabei vergessen, ist, dass die Destination nicht der ausschlaggebende Faktor ist, um einen Urlaub außergewöhnlich zu machen. Vielmehr sind es die Menschen, mit denen man ihn verbringt. Die Erfahrungen, die Begegnungen.

Kreuzfahrten sind dabei nicht notwendig. Anstatt eine Kreuzfahrt zu unternehmen und verschiedene Städte während eines kurzen Trips zu sehen, könnte man sich auf eine oder zwei Destinationen einigen und diese viel vertiefter besuchen. Dabei müssen es nicht einmal Küstenregionen sein. Wenn du eine andere Kultur näher kennenlernen willst, so wird ein Nachmittag nicht ausreichen, um dies zu tun. Möchtest du jedoch immer noch etwas Besonderes aus deinen Ferien machen, so habe ich einen wunderbaren Tipp: Mache anstatt einer Kreuzfahrt eine Eisenbahnfahrt. Und wer den Luxus eines teuren Kreuzfahrtschiffes nicht missen möchte: Wie wäre es mit dem Orientexpress? Wusstest du, dass der Orientexpress auch als „Zug der Könige" bezeichnet wurde? Der Orientexpress war ein aus Schlaf- und Speisewagen zusammengesetzter Luxuszug und verkehrte zunächst von Paris in Richtung Konstantinopel (Istanbul). Heute gibt es eine Reihe von anderen Destinationen, die mit dem Orientexpress erreicht werden können. So zum Beispiel kann man sich gemütlich in seine luxuriöse, antike Schlafkabine zurückziehen, dem „Ratatak" der Räder auf dem glatt geschliffenen Stahl der Gleise zuhören und von Venedig nach Paris reisen. Und das Beste ist: Dadurch tust du sogar etwas Gutes für die Umwelt! Und du zahlst etwa gleich viel wie für eine Seetour.

Ich kann nicht leugnen, dass das Meer eine unglaublich schöne Naturgewalt ist und sich viele das nicht entgehen lassen möchten. Eine Alternative zur Kreuzfahrt, die jedoch im Gegensatz dazu noch viel seeverbundener ist, wäre das Segeln. Segeln zu lernen ist einerseits eine Herausforderung, macht andererseits aber eine Menge Spaß. Menschen segeln seit Jahrtausenden, es ist eine gänzlich neue Erfahrung für „Landratten" und man kann es leicht und günstig in den vielen Segelvereinen lernen. Dazu steht es in der Ökobilanz im Vergleich extrem besser da als eine Kreuzfahrt. Und wer kann schon von sich behaupten, ein klimafreundlicher Skipper zu sein?

Wenn du trotz dieser verlockenden Alternative eine Kreuzfahrt machen willst, dann lege ich dir ans Herz, noch so lange zu warten, bis alternative und emissionsarme Antriebe für Kreuzfahrtschiffe gefunden werden.

Meine Gedanken, Taten und Erinnerungen

»Das freie Meer befreit den Geist.«

Johann Wolfgang von Goethe

Tiefgekühlt

Wir haben uns schon längst daran gewohnt, dass Tomaten und Bananen das ganze Jahr im Supermarkt erhältlich sind, dass wir Erdbeeren schon im Winter genießen können und dass Mangos in jedem Einkaufsmarkt erhältlich sind. Viele Kinder und auch Erwachsene wissen heutzutage nicht einmal, wann die Saison von Beeren oder beispielsweise Tomaten ist.

Dieser unachtsame Konsum von Obst und Gemüse muss aufhören, denn genau diese Importwaren führen zu einer enormen Klimabelastung. Früh erhältliche Erdbeeren aus Spanien und anderen Importländern schaden unserer Ökobilanz erheblich. Denn ihr Anbau in Gewächshäusern führt nicht nur zum Einsatz von großen Mengen umweltschädlicher Pestizide und Düngemittel, sondern verbraucht auch sehr viel Energie und Wasser. Diese Ressourcen sind jedoch zum Beispiel in spanischen Anbaugebieten – wo „Wintererdbeeren" produziert werden – äußerst knapp. Deshalb werden oftmals wertvolle Feuchtbiotope, die seltene Vogelarten beheimaten, trockengelegt. Die Folgen sind die Vernichtung von vielen Lebewesen, somit auch die Vernichtung der Biodiversität, sowie die Belastung der Umwelt durch Treibhausgase, die während der Produktion und dem Transport der Waren entstehen. Dass Esswaren an der Trockenlegung von Biotopen beteiligt sind, hast du noch nie gehört, oder?

Da bist du nicht alleine. Ich habe das vor meinen Recherchen auch nicht gewusst, weil diese Meldungen uns oft genug nicht erreichen. Doch auch hier ist es wieder unabdinglich, dass wir die Dinge kritisch hinterfragen und bewusste Entscheidungen treffen.

Frisch ist eh gesünder!

- Kaufe Früchte und Gemüse saisonal ein. Wenn du nicht mehr genau weißt, welche Produkte gerade Saison haben, dann kannst du das leicht auf dem Saisonkalender nachsehen. Oder man kauft ganz einfach in Reformhäusern und Bioläden, da dort saisonale Lebensmittel besonders angeboten werden.
- Konsumiere nach Möglichkeit Produkte, die ein Bio-Label oder einen vergleichbaren Standard aufweisen. Falls dir Bioprodukte zu teuer sind, dann verzichte auf exotische Früchte und kaufe stattdessen einheimische. Die Ökobilanz importierter Ware ist aufgrund der Schadstoffemissionen durch Anbaumaßnahmen und Transportwege per Lkw, Schiff oder Flugzeug immer schlechter als die von einheimischen Produkten. Ferner weisen exotische Produkte im Schnitt eine höhere Belastung an Giftmengen auf als inländische, da dort andere Standards gelten.
- Merke dir die Faustregel: regional vor importiert, saisonal vor ganzjährig, Freiland vor Treibhaus, bio vor konventionell!

Wenn du diese Faustregel beachtest, so hast du erstens einen wichtigen Schritt in Richtung Klimaschutz gemacht, zweitens ernährst du dich sogar viel gesünder, was deiner Lebensqualität zugutekommt.

»Deine Nahrungsmittel seien deine Heilmittel.«

Hippokrates

Meine Gedanken, Taten
und Erinnerungen

Wasser

Jeder Europäer verbraucht durchschnittlich 163 Liter Wasser pro Tag. Zu diesen 163 Litern Wasser kommen noch 4200 Liter „virtuelles“ Wasser hinzu. „Virtuell“ deshalb, weil wir es nicht unmittelbar verbrauchen. Das heißt aber nicht, dass es nicht doch für uns verbraucht wird. Zwei Drittel dieses „virtuellen“ Wassers werden für die Nahrungsmittelproduktion aufgewendet, der Rest für die Produktion von Konsumgütern.

So werden für die Herstellung eines Autos 400 000 Liter Wasser verbraucht, ein Computer benötigt 20 000 Liter, eine Jeans 11 000 Liter und ein Hamburger 2400 Liter Wasser. Diese Werte entstehen dadurch, dass oftmals die Grundlagen der Produkte hohen Wasserverbrauch haben.

Jeans zum Beispiel bestehen aus Baumwolle. Die wiederum gedeiht am besten in sehr heißen und ariden Regionen, was im Widerspruch zum hohen Wasserbedarf der Pflanze steht. Natürlicherweise kommt Baumwolle deshalb nur in sehr wenigen, speziellen Regionen der Erde vor, in denen es heiß ist, zugleich aber ausreichend Feuchtigkeit natürlicherweise gespeichert werden kann. Das reicht zur Deckung des Bedarfs nicht aus. Um Baumwolle industriell zu nutzen, wird das Wasser oft gerade dort entnommen, wo sowieso wenige Quellen vorhanden sind, aber Wärme und billige Arbeitskräfte (zum Beispiel im Mittleren Osten wie in den Staaten Kasachstan oder Usbekistan). Das Resultat ist katastrophal: Ganze Meere verschwinden (wie das Kaspische Meer).

In der westlichen Welt, in der wir uns befinden, scheint in Vergessenheit geraten zu sein, dass Wasser eine endliche Ressource ist, die nicht selbstverständlich ist. Wie in der Schweiz ist in Europa weitgehend vergessen worden, dass immer und überall Zugriff auf reines und sauberes Wasser zu haben und es in endlosen Mengen verbrauchen zu können, ein luxuriöses Privileg ist. In den meisten Ländern auf dieser Welt gibt es dieses Privileg nicht. Die meisten Menschen auf dieser Welt können nicht einfach den Wasserhahn aufdrehen und trinken.

Außerdem ist es essenziell, dass wir verstehen lernen, Wasser ist die Grundvoraussetzung für alles Leben. Mit jedem Liter, den wir verschwenden, entziehen wir der Umwelt ihre wichtigste Lebensgrundlage. Wenn wir weiter so verschwenderisch mit dieser Ressource umgehen, dann wird es bald zur weltweiten Wasserknappheit und somit zur völligen Zerstörung der Umwelt kommen.

Wasser ist Leben: Behandle es dementsprechend!

Unser täglicher Wasserverbrauch ist enorm, doch dieser ist mit einigen Tricks leicht zu kontrollieren.

- Schon eine halbvolle Badewanne benötigt ungefähr 150 Liter Wasser. Wenn man dagegen eine fünfminütige Dusche mit einem Sparkopf nimmt, kommt man auf etwa 60 Liter, spart also mehr als die Hälfte des Wassers und der Energie.

- Falls du eine Geschirrspülmaschine zuhause hast, wäre es eine gute Idee, diese auch zu benutzen, anstatt von Hand abzuwaschen, da du dadurch mehr als die Hälfte des Wassers einsparen kannst. Voraussetzung dafür ist, dass deine Geschirrspülmaschine wirklich voll ist und du ein energiesparendes Programm wählst. Mit dem gleichen Trick kannst du auch bei der Waschmaschine einige Liter Wasser sparen.
- Nutze das Privileg, welches du tagtäglich genießen kannst, frisches und sauberes Wasser aus dem Hahn deiner Hausleitung zu beziehen, und verzichte auf Wasser in PET-Flaschen.
- Lass das Wasser nicht laufen, wenn du es nicht nutzt.
- Achte beim Duschen darauf, dass du das Wasser nicht sinnlos laufen lässt. Stelle den Hahn ab, sobald du Wasser nicht mehr benötigst.

»Wasser ist das Blut der Erde.«

Leonarde da Vinci

Meine Gedanken, Ideen und Erinnerungen

Online-Shopping

Unsere Spezies hat sich zu einer Verbrauchergemeinschaft entwickelt, die an einer sogenannten „Konsumgeilheit“ erkrankt ist. Und jeder von uns kennt es: Wir sehen in einem Magazin oder Schaufenster ein Produkt, das wir unbedingt haben wollen – sei es die brandneue Michael-Korse-Handtasche, die neuen Gucci-Stiefel oder die Uhr, mit der man sich unwiderstehlich fühlt. Doch brauchen wir diese Produkte wirklich? Ist die Uhr tatsächlich unwiderstehlich?

Und nun denke bitte an ein Produkt, das du unbedingt kaufen willst, vielleicht sogar die erwähnte teure, neue Uhr. Da gibt es nur ein kleines Problem, das dich von ihrem Besitz trennt: Sie ist teuer. Aber warte, da gibt es doch eine einfache Lösung: Wieso nicht einfach online bestellen? Es ist schnell da und viel billiger noch dazu! Doch online gibt es noch einige weitere Schuhe, die dir gefallen … Ja, wieso bestellst du nicht alle fünf und schickst einfach die drei wieder zurück, die dir nicht gefallen oder passen?

Dieses Szenario kommt dir wahrscheinlich bekannt vor – sei es bei deinen Kindern, Freunden oder bei dir selbst. Und das ist auch keine Schande! Ich gebe zu, online zu bestellen geht schnell und mühelos. Dennoch hat auch das fatale Folgen für unsere Heimat. Denn erstens entstehen große Mengen an Treibhausgasemissionen vor allem, wenn man zunächst mit dem Auto in die

Stadt fährt und sich die Produkte ansieht oder anprobiert und sie dann später doch online zu sich nach Hause transportieren lässt.

Zweitens, wenn niemand zu Hause ist, landet das Paket im ungünstigsten Fall bei der nächsten Abholstation, zu welcher der Kunde erneut mit dem Auto hinfahren muss. Manche Zusteller bieten auch den Service, zwei- oder sogar dreimal vorbeizukommen. Entsprechend vervielfachen sich die Treibhausemissionen pro Paket.

Ein weiterer negativer Effekt des Online-Handels ist das Zeitfenster der Zustellungen. Dies bedeutet, dass der Kunde eingrenzen kann, wann er das Paket erhalten möchte. Dadurch werden die logisch-koordinierten Lkw-Touren der Lieferanten verändert und die Lkws legen oft nicht voll beladen, was eine große Klimabelastung darstellt, längere Strecken zurück, um die gleiche Menge an Paketen zu transportieren. Außerdem verpacken viele Händler ihre Pakete „luftig", das bedeutet, dass mehrere Fahrten notwendig sind, um eine bestimmte Anzahl Artikel auszuliefern. DHL veröffentlichte Zahlen, nach denen jedes versandte Paket 500 Gramm CO_2-Emissionen verursache. Das klingt zwar nach einer kleinen Zahl, doch diese Emissionen kumulieren sich sehr schnell.

Ich veranschauliche dir das an einem Beispiel.

Sagen wir, du hast eine Geldmenge, die du ausgeben möchtest, welche jedoch nur für ein paar Schuhe und ein Kleidungsstück, sagen wir ein T-Shirt, reicht. Da die Online-Beschreibung der Schuhe sehr dürftig ist, beschließt du, die drei Paar, die dir am besten gefallen, zu bestellen und zwei davon innert 30 Tagen zurückzuschicken. Das gleiche machst du bei dem Kleidungsstück.

Da das T-Shirt von einem anderen Lieferanten zugesendet wird als die Schuhe, werden die Artikel entsprechend in zwei Paketen transportiert. Allein der Hintransport dieser beiden Artikel verursacht also schätzungsweise ein Kilogramm CO_2 Emissionen.

Stellen wir uns nun vor, dass das T-Shirt verspätet eintrifft und du nicht zuhause bist, wenn der Lieferant klingelt. Der Lieferant nimmt das Paket wieder mit und bringt es am drauffolgenden Tag erneut, was einer Klimabelastung von einem weiteren Kilogramm CO_2 entspricht. Da du je zwei der Artikel wieder zurücksendest (zu zwei verschiedene Adressen), müssen wieder zwei Pakete auf den Weg. Gesamthaft hat dein Einkauf also drei Kilogramm CO_2 emittiert.

Draußen spielt das wahre Leben!

Menschen aus Industrieländern haben sich schon dermaßen an den Online-Handel gewöhnt, dass wir manchmal vergessen, wie schön es sein kann, in einen Einkaufsladen zu gehen und die Ware vor Ort anzufassen und anzuprobieren.

Unternimm einen entspannten Ausflug in die Stadt, schlendere durch die Straßen und kaufe die Produkte, die du brauchst, vor Ort. Geh *nach draußen*! Das ist um einiges aufregender und schöner, als auf ein Display zu starren und zehn Kleidungsstücke in den „Warenkorb“ zu legen, den du ja nicht einmal zur Kasse tragen kannst, weil er virtuell ist. Vergiss nicht, wie es sich anfühlt, einen richtigen Warenkorb in den Händen zu tragen! Vergiss nicht, wie sich das reale Leben da draußen anfühlt!

Ein weiterer positiver Aspekt am lokalen Kauf der Ware ist, dass du dadurch genau siehst, wie viel Geld du tatsächlich ausgibst, wenn du bar an der Kasse zahlst, und nicht einen Schock am Ende des Monats bekommst, wenn du die Kreditkartenabrechnung deines Online-Einkaufes betrachtest.

Sinnvoll dabei ist, dass du öffentliche Verkehrsmittel nutzt, wenn du einkaufen gehst. Mit dem Auto steigen die Schadstoffemissionen schnell mal sehr hoch an. Wenn du nicht auf dein Auto verzichten willst, um deinen Einkauf zu tätigen, dann besorge dir möglichst viele Artikel pro Einkauf, anstatt für jeden Artikel mit dem Auto hin- und zurückzufahren.

Ist es für dich wirklich unmöglich, auf den Online-Einkauf zu verzichten, dann beachte folgende Dinge.

- Lies die Produktbeschreibung genau, bevor du eine Ware in den Einkaufswagen legst. Damit sinkt die Wahrscheinlichkeit, dass dir die Kleidungsstücke oder Schuhe doch nicht passen oder du einen anderen Artikel erwartet hast.
- Bestelle nicht absichtlich mehrere Artikel, wenn du weißt, dass du einige zurückschicken musst.
- Wähle eine Standardzustellung, damit das Paket in einem optimal ausgelasteten Lkw zugestellt werden kann.
- Hinterlasse dem Lieferanten einen Zettel mit der Aufschrift: „Wenn nicht zuhause, Paket in den Eingang stellen!“, falls du

nicht zuhause sein solltest. Oder bitte einen Nachbarn, das Paket in Empfang zu nehmen, solange du nicht da bist.

An dieser Stelle möchte ich betonen, dass es unabdinglich sein wird, wieder traditionell zu Fuß oder mit dem Fahrrad einkaufen zu gehen, wenn wir effektiv sein, also die Erde retten wollen. Das ist keineswegs eine Bestrafung oder ein Verzicht auf etwas. Ganz im Gegenteil. Viele Zivilisationskrankheiten beruhen darauf, dass wir die Möglichkeit, aktiv zu sein und sich zu bewegen, zu wenig nutzen. Zudem wirst du beim Laufen oder Fahrradfahren auf Bekannte treffen, kannst mit ihnen sprechen oder einfach nur den Wind genießen, der die frische Luft zu dir befördert. Wesentlich ist: Du tust zugleich etwas für deine eigene Gesundheit. Wie cool ist das denn! Energie sparen, Schadstoffe vermeiden, sozial interagieren und auch noch gesünder leben! Alles mit einer banalen Aktion: sich selbst bewegen.

Das Laufen oder Fahrradfahren bietet zudem die Gelegenheit, die frische Luft zu schnuppern, einen klaren Kopf zu bekommen, die Probleme des Alltags auszuschalten und deinen Gedanken freien Lauf zu lassen, über Dinge nachzudenken, Ideen zu entwickeln, kreativ zu sein.

In Bezug auf den Einkauf und Online-Handel bitte ich dich, dir in Zukunft drei Fragen zu stellen, wenn du ein Produkt haben möchtest:

- Muss ich das Produkt wirklich online bestellen?
- Ist die Strecke zum Einkaufsmarkt auch mit dem Fahrrad oder zu Fuß zu bewältigen?

o Und last but not least: Brauche ich das Produkt unbedingt?

Diesen Punkt würde ich gerne verdeutlichen: Denke an deinen Kleiderschrank. Öffne ihn in deinen Gedanken und sieh dir die Kleider darin an. Wie viel davon brauchst du wirklich? Ziehst du alle davon regelmäßig an oder sind es immer die gleichen? Gibt es Kleidungsstücke darunter, die dir eigentlich gar nicht gefallen oder die du gekauft und noch nie angezogen hast? Wie viele davon hast du online bestellt? Gibt es Kleidungsstücke, die du seit mehr als einem Jahr nicht mehr angezogen hast?

Nun frage dich noch einmal: Brauche ich das Produkt wirklich?

Meine Gedanken, Ideen und Erinnerungen

»Das Glück ist nicht im Besitze,
das Glücksgefühl ist in der Seele zu Hause.«

Demokrit

Automobil

Etwa zwei Drittel unserer Autofahrten sind kürzer als zehn Kilometer. Die Hälfte davon sind kürzer als fünf Kilometer und etwa ein Drittel sogar kürzer als drei Kilometer. Das heißt: Unsere Automobilität spielt sich vor allem im Nahbereich ab.

Direkt nach dem Start benötigt ein kalter Motor eines kraftstoffbetriebenen Pkws (Diesel oder Benziner) die unglaubliche Menge von 30 bis 40 Liter, bei manchen Modellen sind es gar 50 bis 100 Liter Kraftstoff pro 100 Kilometer. Und erst nach gefahrenen vier Kilometern drosselt sich der Verbrauch.

Schnell mit dem Auto in den nächsten Supermarkt oder zur Arbeit zu fahren, obwohl die Strecke auch mit dem Fahrrad sehr gut erreichbar wäre, ist bequem. Dieses Gefühl kennt jeder von uns. Doch scheint das Gewissen oft nicht mitzufahren. Denn der Verkehr stellt die größte Klimabelastung industrialisierter Staaten dar. Er verursacht zum Beispiel in der Schweiz 33 Prozent aller Treibhausgasemissionen, dabei ist der Flugverkehr nicht einmal mitgerechnet. Zwei Drittel stammen von Personenwagen. Ich gehe mal davon aus, dass in etwa dieselben Zahlen auch für die meisten anderen Industrienationen gelten dürften.

Diese enormen Treibhausgasemissionen müssen unbedingt reduziert werden, denn genau diese sind Verursacher von Feinstaub, Inversionslagen und Erderwärmung, die zwangsläufig zu einer immer schlechteren Bewohnbarkeit der Erde in den nächsten Jahren führen werden.

Dann und wann einfach mal stehen lassen!

Mobilität hat einen hohen Stellenwert in unserer Gesellschaft. Und diese ist auch unabdinglich in einem Jahrhundert, dessen System auf Flexibilität, Geschwindigkeit und Unabhängigkeit angewiesen ist.

Doch diese Aspekte bedeuten nicht, dass die Menschen auf Autos angewiesen sind. Das haben uns die zig Jahrhunderte, in den wir kein Auto hatten, schon bewiesen. Wenn du etwas Gutes für die Natur machen möchtest und gleichzeitig auf deine Mobilität setzt, dann sind folgende Tipps ratsam:

- Vermeide nach Möglichkeit das Pendeln. Achte darauf, dass Wohn- und Arbeitsort so nah wie möglich beieinanderliegen.
- Benutze öffentliche Verkehrsmittel wie den Zug oder den Bus. Bei Sonnenschein und milden Temperaturen ist das Velo oder E-Bike immer eine günstige und flexible Lösung. Außerdem tut die frische Luft in den frühen Morgenstunden einfach gut (mal ganz abgesehen von den Effekten für Fitness und Wohlbefinden).
- Wenn du nicht auf dein Auto verzichten möchtest, dann schließe dich einer Fahrgemeinschaft an. So sind weniger Fahrten und demzufolge auch weniger Emissionen nötig, um mehrere Personen zum Zielort zu transportieren. Das glei-

che Prinzip haben wir schon beim Online-Handel bezüglich des optimalen Füllens von Lkws angetroffen. Wenn du keine Fahrgemeinschaft findest, dann sei spontan und gründe doch einfach eine eigene.

- Mache das Naheliegende: Geh bei kurzen Strecken zu Fuß! Vielleicht kann es sogar ein gemütlicher Spaziergang werden – mit frischer Luft und Naturerlebnis? Nebst der seelischen Energie, die dir ein solcher Spaziergang gibt, machst du etwas für deine körperliche Fitness, was deiner Gesundheit zugutekommt.

»In der Natur fühlen wir uns so wohl, weil sie kein Urteil über uns hat.«

Friedrich Nietzsche

Meine Gedanken, Taten und Erinnerungen

Tu es einfach!

Wie kann es sein, dass die Politik bzw. viele Politikerinnen und Politiker dieser Welt den Klimawandel und den Umweltschutz irgendwo unter „ferner liefen“ auf ihrer politischen Agenda haben? Wie kann man als gewählte Politikerin oder Politiker das wichtigste Thema der Menschheit, nämlich die Erhaltung der menschlichen Spezies, nicht als das wichtigste und dringlichste Thema überhaupt behandeln? Wie kann man als Mensch, der zumindest in Demokratien vom Volk gewählt wurde und für dessen Wohl sorgen sollte, das Thema der Erhaltung eines lebenswerten Planeten hinter andere Themen stellen und so tun, „als hätte man schon noch genügend Zeit, sich auch um dieses Problem unter vielen“ zu kümmern?

Denn die Antwort auf die obigen Fragen ist vielleicht ganz einfach – und möglicherweise für uns alle sehr unangenehm: Wir alle erheben unsere Stimme nicht laut genug! Wir alle tun zu wenig, um die Menschen und die Politikerinnen und Politiker, die an der Macht sind, dazu aufzufordern, dass jetzt etwas geschehen muss. Und zwar umgehend!

Wenn wir unsere Erde retten wollen, wenn wir unseren Kindern und Enkeln eine lebenswerte Zukunft ermöglichen wollen, dann müssen wir uns politisch, gesellschaftlich und vor allem persönlich und glaubhaft engagieren.

Viele glauben, dass „die da oben eh machen, was sie wollen." Das ist aber falsch, denn die da oben sind nichts, aber rein gar nichts, „ohne uns hier unten!" Denk daran, dass Menschen, dass du und ich, dass wir, die Alltagsmenschen, alles ändern können – wenn wir es nur wollen.

Die wenigsten von uns sind so begabt wie ein Michelangelo oder so genial wie ein Albert Einstein, aber jeder von uns kann etwas bewirken, jeder von uns kann einen kleinen Beitrag für das Klima und die Umwelt leisten – und jeder von uns kann damit ein ganz klein wenig zu einer wahren Superheldin oder einem Superhelden werden.

Du musst es nur tun!

Meine Gedanken, Taten
und Erinnerungen

»Verantwortlich ist man nicht nur für das, was man tut,
sondern auch für das, was man nicht tut.«

MOLIÈRE

»Vorstellungskraft ist wichtiger als Wissen, denn Wissen ist begrenzt.«

ALBERT EINSTEIN

Ein neuer Anfang

Du bist nun am Ende dieses Buches angelangt. Nur noch wenige Worte trennen dich von dem Ende unserer Reise und von dem Beginn einer neuen. Es sind nur noch wenige Zeilen, bis du dieses Buch zuklappst und auf deinen Nachttisch legst – oder bis du einen Stift holst und weiterschreibst. Hoffentlich schreibst du weiter. Und nutze es, gerade auch wenn du es vollgeschrieben hast: Gib es weiter, vielleicht sogar deinen Kindern, Enkelkindern oder Freunden. Hoffentlich bist du ein Teil dieses Vermächtnisses, damit die Reise der Menschen fortgesetzt werden kann.

Während unserer Zugfahrt hast du einige Abzweigungen passiert und hast dich jeweils für einen bestimmten Weg entschieden. Die anfangs unendlich vielen Schienennetzverzweigungen wurden mit jedem gelesenen Wort weniger, bis es nur noch zwei sind. Allmählich näherst du dich genau dieser Weggabelung.

Ich habe in diesem Buch mehr als einmal erwähnt, dass wir eine Generation von morgen sind. Eine Generation, die an einem „Scheidepunkt" – zwischen der Vergangenheit, Gegenwart und Zukunft – steht und kurz davor ist, diesen einen Schritt in Richtung Zukunft zu wagen. Bevor sie das jedoch tun kann, ist ein Blick auf die gesamte Menschheitsgeschichte hilfreich: um in der Gegenwart zu handeln, damit der Sprung in die Zukunft möglich ist. Dabei sei von einer Zukunft die Rede, in der man leben kann und nicht nur überleben muss.

Du hast auf die Menschheitsgeschichte zurückgeblickt. Während deiner Fahrt hat sich Chief Seattle neben dich auf die Bank gesetzt und dir sein Wissen mitgegeben. Er hat dir eine Botschaft ins Ohr geflüstert, eine Botschaft, die ins nächste Ohr geflüstert werden muss.

Aber auch andere Menschen haben sich neben dich auf die Bank gesetzt. Die Rote Königin saß neben dir und verriet dir ihr tiefstes Geheimnis: „Hierzulande musst du so schnell rennen, wie du kannst, um am gleichen Ort zu bleiben." Nun, kurz vor der Verzweigung setzt sich Immanuel Kant neben dich und wispert dir nochmals den Leitspruch der Aufklärung ins Ohr: „Habe Mut, dich deines eigenen Verstandes zu bedienen." Er wird dir erklären, dass er vor sehr langer Zeit in diesen Zug eingestiegen ist und schon viele Verzweigungen passiert hat. Er sagt, dass die Entscheidung, manche Wege einzuschlagen, sehr schwer war. Zu seiner Zeit zum Beispiel habe man dem schon geschriebenen Wort blind vertraut. Er erklärt, dass er das nie begriffen hatte, wie viele Menschen Dinge unhinterfragt beließen. Glücklicherweise schloss er Bekanntschaft mit anderen kritischen Denkern im Zug, und so sahen sie es als ihre Aufgabe, Licht ins Dunkel zu bringen und sowohl Wissen als auch kritisches Denken zu verbreiten. Heute nenne man die Zeit, aus der er stammte, das „Jahrhundert des Lichts".

Er lächelt.

„Die Lichter beginnen allmählich, wieder zu erlöschen. Das darf man nicht zulassen! Das neue Zeitalter des Lichts sollte beginnen. Bring wieder Licht ins Dunkel! Habe Mut, dich deines eigenen Verstandes zu bedienen!“

Kant steht auf und geht.

Du siehst ihm noch eine Weile lang nach, dann richtet sich dein Blick zuerst zu dem in der hinteren Ecke des Zuges sitzenden Jungen, der sich die Ohren zuhält, und dann zum Mädchen neben dir, das dich wissend ansieht und ihre kleinen Hände öffnet, dir das Funkgerät in die Hände legt und diese mit ihren kalten Fingern umschließt.

Es ist nicht meine Aufgabe und ganz und gar nicht mein Wille, dir meine Meinung aufzuzwingen, doch es ist mein Wunsch, dich auf diese Reise mitzunehmen, damit du eine Entscheidung treffen kannst. Ich werde mich nun vom Sitz hinter dir erheben und einen anderen Platz einnehmen, damit du deine Entscheidung ganz allein treffen kannst. Vielleicht blickst du nochmals kurz zurück, dann bitte handle, flüstere die Botschaft in das Ohr des Nächsten – und mache diesen einen Schritt in Richtung Zukunft.

Es ist Zeit, eine Entscheidung zu treffen, und deine Entscheidung heute beeinflusst die Zukunft des Planeten und der kommenden Generationen.

Lass es uns gemeinsam anpacken!

Lisa Schneider, geboren 2000, präsentierte bereits im Alter von 15 Jahren ihren Debütroman »Thymios – Das Herz des Kriegers« und schon ein Jahr später den historischen Roman »Tränen der Freiheit«). Sie lebt in der Nähe von Basel (CH).

Alfonso Pecorelli, schweizerisch-italienischer Autor, hat bereits mehrere Romane, Novellen und Sachbücher veröffentlicht und lebt in der Nähe von Basel (CH).

Pascal Scheidegger, geboren 1981, arbeitet als freischaffender Illustrator. Aus seiner Feder entstanden schon zahlreiche Bilder sowie Illustrationen für Produkte, Verpackungen und Werbekampagnen. Zudem arbeitet er als selbstständiger Grafiker. Er lebt und arbeitet in Wichtrach (CH).

Weitere Titel dieser Reihe

Alfonso Pecorelli & Lisa Schneider
Illustrationen von Pascal Scheidegger

Mission Umweltschutz
Lilli's Abenteuer – Band 1

»Eine Geschichte, die Kindern nahebringt, wie wichtig es ist, die Erde und die Natur zu schützen.«

Hardcover mit farbigen Illustrationen, 64 Seiten
ab drei Jahren
ISBN 978-3-9525097-7-7

Weitere Titel dieser Reihe

Alfonso Pecorelli & Lisa Schneider (Hrsg.)
Chief Seattle

Botschaft an die Menschheit

Die legendäre Rede des Chief Seattle

Mit farbigen Illustrationen
von
Pascal Scheidegger
und zusätzlichen
indianischen Weisheiten

Hardcover mit farbigen
Illustrationen, 112 Seiten
ab acht Jahren
ISBN 978-3-9525097-1-5

www.riverfield-verlag.ch